Praktische Pferdemassage

Techniken zur Muskellockerung
und Dehnung

Praktische Pferdemassage

Techniken zur Muskellockerung und Dehnung

von Renate Ettl

CADMOS
PFERDEBÜCHER

Herzlichen Dank!
Für die großartige Unterstützung zu diesem Buch möchte ich mich sehr herzlich bei Franz Bosch bedanken. Franz Bosch ist neunmaliger deutscher Meister im Trekkingreiten und betreibt in Ulm eine Massage-Praxis. Seine jahrelange Erfahrung und sein erstklassiges Können waren eine große Hilfe insbesondere bei der Erstellung der Fotos zu diesem Buch.

Covergestaltung:
Ravenstein Brain Pool, Völkersen
Titelfoto und Innenfotos: Renate Ettl, Peter Ettl
Druck: Grindeldruck Hamburg

Printed in Germany

ISBN 3-86127-519-8

Inhalt

I Einführung

Wem liegt das Wohlergehen und die Gesunderhaltung seines Pferdes nicht am Herzen? Die meisten Pferde werden aus Spaß am Reiten und Liebe zum Tier gehalten. Auch der sportliche Ehrgeiz zählt bei dem einen oder anderen Reiter zu den Ambitionen, sich mit dem Pferd zu beschäftigen.

Allerdings wird der Spaß an den Pferden immer wieder jäh getrübt, wenn die Tiere krank werden oder im Umgang Schwierigkeiten bereiten. Obwohl keiner sich ein krankes oder schwieriges Pferd wünscht, treten diese Fälle nur allzu häufig auf.

Die Gründe hierfür sind vielfältig, sie beginnen bei der unsachgemäßen Haltung und Fütterung, ziehen sich über die Zucht des Pferdes bis hin zu Verwendung und Einsatz des Vierbeiners. Nicht zuletzt erschweren unzureichende Ausbildung und falscher Umgang das Zusammenleben mit dem Pferd.

Nur das Bemühen um das Verständnis für das Pferd sowie das Erfassen seines Wesens und seiner Bedürfnisse können vorbeugen, dass unliebsame Erscheinungen wie Krankheiten und Unwohlsein aufkommen. Die Gesundheit des Pferdes wird gefördert, wenn seine natürlichen Bedürfnisse erfüllt werden. Eine fachkundige Ausbildung und leistungsgerechtes Training sind ein weiterer wichtiger Aspekt, um das Pferd auch im Sport lange gesund und fit zu erhalten.

Lange bevor unsere Pferde in Freizeit und Sport eingesetzt wurden, haben andere Völker wie die Chinesen und Indianer schon Behandlungen an Pferden durchgeführt, die erst jetzt wieder modern werden. Hierzu gehören viele Aspekte der physiotherapeutischen Behandlung, der Kräuterkunde oder Ausbildungsmaßnahmen. Die Massagebehandlung ist ein Bestandteil der Physiotherapie, die in der Humanmedizin längst ihren Stammplatz in der Rehabilitation und im Leistungssport hat.

Eine Massagebehandlung trägt wesentlich dazu bei, die Beziehung zwischen Mensch und Pferd zu stärken.

Mittlerweile hat man deren Vorteile aber auch in der Tierbehandlung wieder entdeckt und schätzen gelernt. Gerade auf dem Pferdesektor kann die Massage viel zur Gesunderhaltung und Leistungssteigerung beitragen. Doch damit nicht genug: Ein nicht zu unterschätzender Aspekt der Massagebehandlung ist nämlich auch der Kontakt des Menschen zum Tier, der während einer Massage wesentlich gestärkt wird.

Damit erlangt man mehr Verständnis für die Belange und Bedürfnisse des Pferdes, die vielen Pferdebesitzern fehlt, welche dadurch nicht nur gesundheitliche Schäden, sondern auch Fehlverhalten provozieren. Das Erlernen verschiedener Massagetechniken schlägt also mehrere Fliegen mit einer Klappe. Man trägt zu Gesunderhaltung und Wohlbefinden des Pferdes bei und lernt nebenbei sein Pferd besser kennen – die Voraussetzung, um seine Bedürfnisse zu erfüllen.

Pferdemassage kann jeder erlernen, der ein gewisses Maß an Einfühlungsvermögen mitbringt. Es sind hierzu nicht sonderlich viele medizinische Kenntnisse erforderlich, wenn man nicht gerade kranke oder verletzte Pferde therapieren möchte.

Trotzdem muss man sich eine Grundlage über die physiologischen Funktionen des Pferdes erarbeiten, um die Zusammenhänge und Abläufe im Pferdekörper zu verstehen.

Diese helfen, die Massagegriffe gezielt und somit effizienter einzusetzen, was den Behandlungserfolg steigert.

II Der Pferdekörper

Der Bewegungsapparat

Der Pferdemasseur fühlt mit seinen Händen vor allem Muskeln, Sehnen und Knochen durch die Haut des Pferdes. Dennoch bearbeitet er während einer Behandlung nicht nur Muskulatur und Sehnen, wie es den Anschein haben möchte. Er beeinflusst in besonderem Maße auch das Nerven- und Kreislaufsystem.

Diese Systeme stehen außerdem mit allen anderen Körpersystemen wie dem Atemsystem, Geschlechtssystem und dem endokrinen System (Drüsensystem) in Verbindung. Die Arbeit des Masseurs bezieht sich also auf den gesamten Körper des Pferdes, nicht nur auf einzelne Bereiche.

Das Knochengerüst und die Muskulatur geben dem Pferd die Form und bestimmen dessen Gestalt. Das Skelett stellt das Tragegerüst für den gesamten Körper dar, dient aber auch als Schutz für die inneren Organe und das Nervensystem, verankert die Muskulatur, fungiert als Mineralstofflager und ist für die Blutbildung zuständig. Pferde besitzen an die 200 Knochen (je nach Rasse und Typ variabel), die über Gelenke miteinander verbunden sind. Nur die Vorhand ist nicht über ein Gelenk, sondern über Muskeln und Sehnen mit dem Hauptskelett verbunden. Man unterteilt das Skelett in ein Achsenskelett, zu dem Schädel, Wirbelsäule, Rippen und Brustbein gehören, und in ein Anhangskelett, das von den Gliedmaßen einschließlich Schulter beziehungsweise Becken gebildet wird.

Die Festigkeit und Stabilität des Skeletts gewährleisten die Bänder, Sehnen

Viel Wirbel um die Wirbel

Die tragende Säule des Knochengerüsts bildet die Wirbelsäule. Sie enthält etwa ein Viertel aller Knochen des Pferdes und besteht aus sieben Halswirbeln, 18 Brustwirbeln, fünf bis sechs Lendenwirbeln, fünf Kreuzbeinwirbeln und 18 bis 21 Schweifwirbeln.

Der Pferdemasseur muss sich mit dem passiven und aktiven Bewegungsapparat des Pferdes vertraut machen.

und Muskeln, welche die einzelnen Knochen miteinander verbinden. Die Muskulatur bewegt außerdem die Knochen über die Gelenksverbindungen.

Darum wird das Skelett passiver Bewegungsapparat und die Muskulatur aktiver Bewegungsapparat genannt. Die Muskulatur dient allerdings nicht nur der Bewegung des Körpers, sondern schützt wie das Knochengerüst die Nerven und inneren Organe. Außerdem ist sie für die Wärmeproduktion verantwortlich (Muskelzittern bei Kälte).

Knochen und Gelenke

Es gibt unterschiedlich geformte Knochen, die je nach ihrer Aufgabe platt, rund, kurz, lang oder unregelmäßig sind.

Die Form eines Knochens ist aber auch veränderbar, weil Knochen kein totes Material darstellen, sondern lebendes Gewebe sind. Durch Belastung, Druck und Wachstum können sich Knochen verformen.

Bei einem dauerhaften Druck kann es zu einem Knochenabbau kommen. Dies kann durch Sehnen und Blutgefäße geschehen, die auf die Knochenhaut drücken und somit Furchen und Gräben ausbilden.

Ein Knochenabbau findet aber auch bei Überlastung statt, wobei der Knochen seine Form zwar behält, aber die Knochenmasse reduziert wird.

Genauso kann es zu einer Knochenzubildung kommen, die durch zeitweiligen Druck oder Belastungen zustande kommt. Diese Knochenzubildungen sind landläufig als Überbeine bekannt. Wird die Knochenhaut verletzt (möglicherweise durch einen Schlag), können unterschiedliche Formen von Knochenwucherungen auftreten (Spat, Schale, Überbeine).

Da der Knochen Substanzen ab- und aufbauen kann, ist er in einer gewissen Weise formbar. Der Knochen stellt sich auf die Beanspruchung ein und baut Mineralien ab oder lagert sie ein. Somit ist ein Knochen trainierbar. Wenn Knochen nicht beansprucht werden,

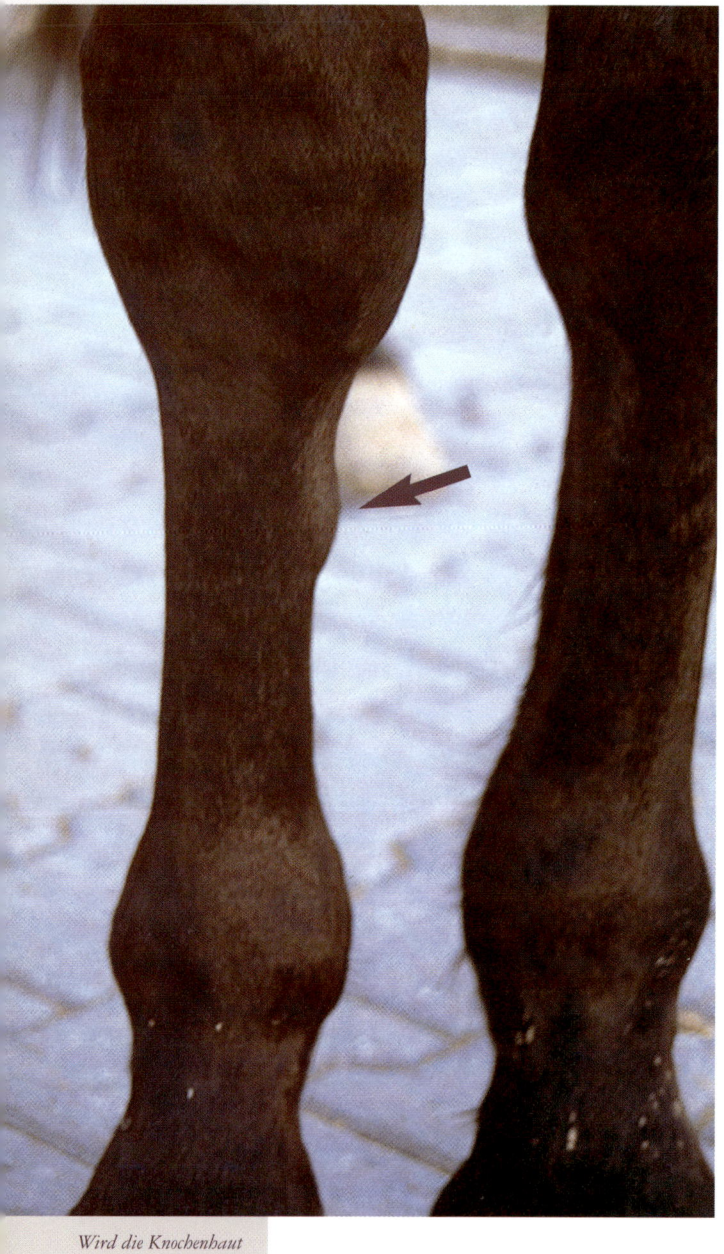

Wird die Knochenhaut verletzt, kann es zu Knochenwucherungen (Überbeine) kommen.

führt auch dies zu einem Abbau von Knochensubstanz. Sie werden damit weniger belastbar.

Dies ist auch der Fall, wenn sie zu wenig Mineralstoffe (hauptsächlich Kalzium) erhalten. Deshalb spielt nicht nur die Bewegung und das Training, sondern auch die Fütterung eine wichtige Rolle für die Gesundheit und Belastbarkeit des Pferdes.

Knochen sind im Allgemeinen über Gelenke verbunden. Sie können aber auch knorpelige Verbindungen haben wie beispielsweise die Wirbelknochen, die über Bandscheiben gegenseitig Halt finden. Die meisten Gelenke sind beweglich. Damit sich die Knochenenden durch die Bewegung nicht gegenseitig aufreiben, sind die Gelenkkapseln mit einer Bindegewebsschicht überzogen, die als eine Art Stoßdämpfer dienen.

Außerdem wird eine zähe Flüssigkeit abgesondert, die quasi als Schmiermittel zwischen den Knochen dient. Diese Gelenkschmiere wird bei vermehrter Bewegung warm und damit dünnflüssiger. In dünnflüssiger Konsistenz kann sie sich besser im Gelenk verteilen und verhindert auf diese Weise Gelenkschäden. Eine mindestens zehnminütige Lockerungsphase im Schritt muss deshalb jeder reiterlichen Betätigung vorangestellt werden, damit sich die Gelenkschmiere gut verteilen kann. Dies ist die beste Vorsorge gegen frühzeitigen Gelenkverschleiß. Erst dann folgt die eigentliche Aufwärmphase für die Muskulatur.

Bänder

Bänder bestehen aus Bindegewebe und verlaufen über die Gelenke von Knochen zu Knochen.

Sie stellen damit eine feste Verbindung dar, trotzdem sind die Bänder flexibel genug, um Bewegung im Gelenk zuzulassen. Die Bänder schützen aufgrund ihrer Festigkeit davor, dass ein Gelenk übermäßig abgewinkelt wird.

Ungenügend lange Aufwärmphasen, Überforderung oder Vertreten können Verletzungen wie Bänderüberdehnungen oder sogar –risse zur Folge haben. Bänderverletzungen benötigen lange Zeit, um auszuheilen. Dies liegt vor allem daran, dass Bänder nur schlecht durchblutet sind. Überdehnte Bänder können ihre ursprüngliche Festigkeit auf Dauer verlieren. Das jeweilige Gelenk kann dadurch instabil werden.

Instabile Gelenke kann man beispielsweise daran erkennen, dass das Bein während der Bewegung „flattert". Dies ist mit bloßem Auge bereits zu beobachten, besser aber erkennt man die Instabilität in Zeitlupenaufnahmen. Besonders deutlich wird eine Gelenkinstabilität bei starken Gängen wie im Mitteltrab.

Wenn das Pferd dabei seine Beine nach vorne führt, vibriert das Karpal- oder Fesselgelenk bei vollständiger Streckung der Gliedmaße, wenn im jeweiligen Gelenk eine Bänderüberdehnung stattgefunden hat. Hierbei handelt es sich dann meist um eine frühere Bänderverletzung, die nicht unbedingt bemerkt worden sein muss. Derartig instabile Gelenke sind für Verschleißerscheinungen besonders anfällig, weil sie einer stärkeren Beanspruchung ausgesetzt sind.

Muskeln und Sehnen

Man unterscheidet drei Arten von Muskulatur: Glatte, quer gestreifte und Herzmuskulatur. Die Kontraktion der glatten Muskulatur wird durch das autonome Nervensystem gesteuert, sie erfolgt also unwillkürlich. In erster Linie ist die glatte Muskulatur für das Verdauungs-, Atmungs- und Kreislaufsystem verantwortlich, bei der Muskelkontraktionen notwendig sind, aber nicht bewusst ausgeführt werden müssen. Die glatte Muskulatur zeigt unter dem Mikroskop keine Querstreifung.

Für den Masseur ist aber hauptsächlich die quer gestreifte Muskulatur von Bedeutung. Sie ist zuständig für die Bewegung der Knochen und wird deshalb auch als Skelettmuskulatur bezeichnet. Man unterscheidet die Skelettmuskulatur wiederum nach ihrem Muskelfasertyp. Es gibt so genannte weiße oder blasse Muskelfasern und rote Muskelfasern. Die Bezeichnung ist abhängig vom Myoglobingehalt in den Fasern. Dieser rote Blutfarbstoff färbt bei hohem Anteil die Muskeln rot. Weiße Muskelfasern haben nur einen geringen Anteil von Myoglobin.

Die Muskelfasern unterscheiden sich nicht nur in der Farbe, sondern auch in ihrer Arbeitsweise. Muskeln, die eine Stütz- und Haltefunktion erfüllen, sind mit einem hohen Anteil von Myoglobin ausgestattet. Skelettmuskeln hingegen, die für die Bewegung verantwortlich sind, weisen wenig Blutfarbstoff auf und haben deshalb weiße Muskelfasern.

Rote Muskeln benötigen viel Sauerstoff, sind dafür jedoch sehr ausdauernd. Weiße Muskelfasern kommen mit wenig Sauerstoff aus und können sehr schnell hohe Muskelkraft bereitstellen (Sprinteigenschaften).

Dafür aber ermüden sie recht bald. Pferde mit einem hohen Anteil an weißer Muskulatur sind wenig ausdauernd. Die weißen Muskelfasern arbeiten im anaeroben Bereich, die roten Fasern hingegen im aeroben Bereich.

Kaltblüter haben einen hohen Anteil roter (gut durchbluteter) Muskelfasern. Sie können viel Kraft aufwenden, jedoch haben sie keine Sprinterqualitäten.

Pferde haben je nach Rasse und Typ ein unterschiedliches Verhältnis von roten und weißen Muskelfasern. Die Verteilung der Muskelfasern mit hohem und niedrigem Myoglobingehalt ist erblich bedingt. Kaltblüter haben einen hohen Anteil von roten Muskelfasern, sie können deshalb über einen längeren Zeitraum viel Kraft aufwenden, sind aber für schnelle Sprints ungeeignet. Vollblüter und Quarter Horses sind Beispiele für Pferde mit viel weißer Muskulatur. Sie sind klassische Sprinter und können ihre Schnelligkeit nur über einen kurzen Zeitraum aufrecht erhalten.

Muskelmasse

Das Pferd besitzt über 250 Skelettmuskeln, die etwa 40 Prozent des gesamten Körpergewichts ausmachen.

Ein Muskel überbrückt ein oder mehrere Gelenke, um diese zu bewegen. Muskeln ziehen sich aufgrund eines Nervenimpulses zusammen. Somit wird das überbrückte Gelenk gebeugt. Um das Gelenk wieder zu strecken, benötigt der Muskel einen Gegenspieler, der sich kontrahiert und auf diese

Weise das Gelenk wieder streckt. Die Funktion des Gegenspielers ist notwendig, da sich Muskeln zwar zusammenziehen, aber nicht mehr selbständig dehnen können.

Darum werden die Muskeln auch nach ihrer Funktion als Beuger, Strecker, Spanner, Ein- und Auswärtszieher oder Rotator bezeichnet. Der sich kontrahierende Muskel wird Agonist genannt, sein Gegenspieler Antagonist.

Jeder Muskel besteht aus einem Muskelbauch, der in zwei Sehnen übergeht. Die Sehnen setzen am Knochen an und bilden somit die Verbindung zwischen Muskel und Knochen. Die proximale (der Körpermitte zugewandte) Sehne nennt man Ursprung, die distal (der Körpermitte abgewandt) gelegene Sehne ist der Ansatz.

Die Sehnen sind weniger dehnbar als der Muskelbauch, dafür aber enorm zugfest.

Allerdings sind sie schlechter durchblutet. Die Trainierbarkeit von Sehnen ist eingeschränkter als die der Muskulatur. Sehnenverletzungen werden bei ungenügender Aufwärmphase und Überforderung deshalb regelrecht heraufbeschworen. Die Heilung von Sehnenschäden dauert aufgrund der geringen Durchblutung sehr lange.

Im Gegensatz zur Muskulatur können Sehnen nicht ermüden. Die große Leistungsfähigkeit der Pferde ist deshalb wohl damit zu begründen, dass Pferde von allen Haustieren die sehnigste Muskulatur haben. Die Muskeln gehen dabei frühzeitig in Sehnen über, so besitzt das Pferd unterhalb des Karpal- beziehungsweise Sprunggelenks nur noch Sehnen, aber keine Muskulatur mehr.

Die Körperfunktionen

Alle Körpersysteme stehen miteinander in Verbindung. Das Atemsystem beispielsweise ist eng mit dem Kreislaufsystem verbunden, da über die Lunge der Sauerstoff in die Blutbahn gelangt. Aber auch die Muskulatur hat eine Verbindung zum Atemsystem, da es über Muskelkontraktionen die Atmung steuert. Die Muskelarbeit wiederum wird vom Nervensystem gesteuert, das auch die Funktion der Verdauung und des Drüsensystems überwacht.

Wenn also ein System aus dem Gleichgewicht gerät (beispielsweise durch Krankheit oder Verletzung), werden auch alle anderen Körperfunktionen beeinträchtigt. Die Beeinflussung des Körpers durch eine Massagebehandlung spricht deshalb nicht nur das Muskelsystem, sondern direkt oder indirekt auch alle anderen Körperfunktionen an.

Atmung

Das Atemsystem ist ein sehr wichtiger Faktor des gesamten Organismus, da es bei einer eingeschränkten Funktionalität die gesamte Leistungsfähigkeit des Pferdes deutlich herabsetzt. Über die Atmung findet der Austausch von Sauerstoff und Kohlendioxid statt. Beim Einatmen durch die Nüstern findet die Luft den Weg über die Luftröhre in die Lunge, die sich dabei ausdehnt, um genügend Raum für die Frischluft zur Verfügung zu stellen. Die Luft gelangt über die Atemwege in die Bronchien, an denen die so genannten Alveolen sitzen, in denen der Gasaustausch stattfindet. Sauerstoff wird an

Die Atemfrequenz kann bei hoher Belastung auf das Zehnfache ansteigen.

die roten Blutzellen abgegeben und Kohlendioxid, das von den Blutzellen herantransportiert worden ist, abgezogen. Das Kohlendioxid wird schließlich mit der Ausatmung ausgestoßen.

Für die Atmung benötigt das Pferd Muskelkraft. Der Hauptmuskel, der für die Atemfunktion verantwortlich zeichnet, ist das Zwerchfell (Diaphragma), das den Brustraum vom Bauchraum trennt. Es zieht sich beim Einatmen zusammen, damit sich das Lungenvolumen vergrößern kann. Durch den entstehenden Unterdruck im Lungenraum wird Luft eingesogen. Entspannt sich das Zwerchfell, wird das Lungenvolumen kleiner und die verbrauchte Luft wird ausgestoßen. Weitere Muskeln wie zum Beispiel die Zwischenrippenmuskulatur (Interkostalmuskeln) unterstützen die Atmung zusätzlich.

Die Atemfrequenz

Die Funktionalität des Atemsystems ist auch von der Atemfrequenz abhängig. Die normale Atemfrequenz des Pferdes beträgt acht bis 16 Atemzüge pro Minute. Sie kann bei hoher Belastung auf das Zehnfache ansteigen.

Eine tiefe Atmung bringt viel Sauerstoff in den Körper und ermöglicht eine ausreichende Abgabe von Giftstoffen (Kohlendioxid). Dieser Stoffwechsel ist notwendig, um Verletzungen und Krankheiten auszukurieren, aber auch, um den Körper gesund zu erhalten.

Ist die Atmung eingeschränkt, ist der Körperstoffwechsel behindert. Dies kann beispielsweise bei Muskelproblemen der Fall sein, denn die Einschränkung der Atemmuskulatur behindert automatisch den Luftaustausch. Giftstoffe verbleiben im Körper und beeinflussen das Pferd in allen Bereichen negativ. Die Atmung kann nicht nur durch Muskelverspannungen, sondern auch durch einen zu fest angezogenen Sattelgurt, klammernde Reiterschenkel oder einen unpassenden Sattel eingeschränkt werden.

All diese Faktoren können die Atmung direkt oder indirekt durch eine verspannte Muskulatur (als Folge obig aufgeführter Einwirkungen) behindern. Eine Massage kann die Muskeln lockern und infolgedessen eine freie Atmung ermöglichen. Natürlich wird die Atmung auch durch Krankheiten der Atemwege (Bronchitis, Husten) eingeschränkt.

Kreislauf

Wenn nun der lebensnotwendige Sauerstoff über die Atmung in den Körper gelangt ist, muss dieser auch auf die einzelnen Bereiche verteilt werden. Diese Aufgabe übernimmt das Kreislaufsystem. Das Kreislaufsystem hat aber noch weitere Funktionen wie die Verteilung von Nährstoffen, Antikörpern (Infektionsabwehr) und Wärme (Temperaturregulierung) im Körper. Außerdem steuert es die Ausscheidung von Stoffwechselprodukten und Kohlendioxid.

Sauerstoffarmes Blut wird über das Herz zur Lunge gepumpt, wo der Gasaustausch (Kohlendioxid gegen Sauerstoff) stattfindet. Das mit Sauerstoff angereicherte Blut fließt nun wieder zum Herzen zurück und wird über die Arterien in die einzelnen Zellen weitergepumpt. Das Blut verteilt auf seiner Reise durch den Körper die Nährstoffe sowie den Sauerstoff an die Zellen und nimmt Gift-, Abfallstoffe und Kohlendioxid auf. Durch die Venen gelangt das nun sauerstoffarme Blut über den hauptsächlich muskelkontrahierenden Pumpmechanismus zurück zum Herzen. Von dort beginnt der Kreislauf von Neuem und das Blut wird wieder zur Lunge geschickt, wo der Gasaustausch vorgenommen wird.

Über die Stärke des Drucks beim Massieren kann man das Kreislaufsystem (Pumpvorgang) ankurbeln und den Abtransport von Giftstoffen in den Zellen unterstützen.

Im Ruhezustand liegt der Puls des Pferdes bei 28 bis 40 Schlägen pro Minute. Bei großer Anstrengung kann der Puls auf über 220 Schläge ansteigen. Er sollte sich aber innerhalb von 15 Minuten wieder normalisiert haben, ansonsten ist das Pferd überfordert worden.

Auch das Lymphsystem gehört zum Kreislauf und kann durch Massage (insbesondere Streichungen) aktiviert werden. Die Lymphe ist eine durchsichtige Flüssigkeit, die Abwehrkörper (Lymphozyten = weiße Blutkörperchen), Nährstoffe und Sauerstoff in die Zellen bringt und Schlackestoffe und Kohlendioxid in die Blutbahn zurückbefördert.

Der Lymphfluss funktioniert nur von der Peripherie des Körpers ausgehend in Richtung Herzen. Bewegungsmangel hemmt den Lymphfluss (zum Beispiel bei Verletzungen), so kann es zu einem Lymphstau kommen. Dies äußert sich in Schwellungen (angelaufene Beine). Gerade bei verletzten Pferden, die Boxenruhe einhalten müssen, kann durch eine Massage das Lymphsystem aufrecht erhalten und die Heilung der verletzten Bereiche unterstützt werden. Eine übermäßige Bewegung (Überforderung) kann das Lymphsystem aber auch überlasten, wodurch Entzündungen entstehen können, die sich aufgrund von Giftstoffanhäufungen bilden.

Nervensystem

Die Steuerung des gesamten Nervensystems übernimmt das so genannte Zentralnervensystem (ZNS), das aus dem Gehirn und dem Rückenmark besteht. Das periphere Nervensystem beinhaltet die Rückenmarks- und Gehirnnerven und die entfernt verlaufenden Ganglien, also alle Nerven, die eine Verbindung zum ZNS haben.

Das periphere Nervensystem kann wiederum unterteilt werden in ein willkürliches (auch: animales, motorisches oder somatisches) und ein unwillkürliches (autonomes oder vegetatives) System.

Das willkürliche Nervensystem steuert die Motorik (motorische Nerven), überwacht bewusste Handlungsvorgänge und dient der Wahrnehmung und Interpretation von Reizen (sensorische Nerven).

Das vegetative Nervensystem regelt die Vitalfunktionen wie Herzschlag, Atmung, Verdauung und Stoffwechsel. Es steuert außerdem das Zusammenwirken der einzelnen Körperfunktionen und bildet mit dem endokrinen System eine Einheit.

Das vegetative Nervensystem teilt sich wiederum in drei Systeme auf: Erstens das intramurale System (Nervenfasern in den Wänden von Hohlorganen wie Herz, Magen, Blase, Darm), zweitens den Sympathikus und drittens den Parasympathikus.

Sympathikus und Parasympathikus beeinflussen sich gegenseitig und verhalten sich antagonistisch. Der Sympathikus aktiviert die Körperfunktionen und wirkt leistungssteigernd, der Parasympathikus drosselt sie und beruhigt. Der Sympathikus steuert die energieentladenden Prozesse im Körper, erhöht die Herz- und Atemfrequenz, verengt die Arterien, verlangsamt die Verdauung und erhöht die Schweißsekretion. Der Parasympathikus hingegen erweitert die Arterien, beschleunigt die Verdauung, verlangsamt die Herz- und Atemfrequenz und erhöht die Speichelsekretion. Er widmet sich der Erholung und dem Aufbau des Körpers.

Pferde und ihre Besonderheiten

Im Umgang mit Pferden hat man es mit unterschiedlichen Rassen und Typen zu tun, die man keineswegs alle über einen Kamm scheren kann. Jedes Pferd ist ein individuelles Wesen, das unterschiedliche körperliche und geistige Voraussetzungen hat. Das Empfinden von Druckstärke, Berührung, aber auch von äußeren Einwirkungen wie Lärm, Licht, Wärme oder Kälte ist bei jedem Pferd anders.

Manche Pferde vertragen beispielsweise das Abspritzen mit kaltem Wasser sehr gut und genießen die Prozedur. Andere wiederum benötigen eine recht lange Gewöhnungsphase an das kalte Nass, das man sehr langsam von den Beinen aufwärts abspritzen muss, bis sich der Organismus darauf

Pferde sind sehr unterschiedlich in ihren Empfindungen: Sensible Pferde müssen beim Abspritzen beispielsweise sehr langsam an das kalte Nass gewöhnt werden.

eingestellt hat. Zucken, Wegdrücken und unruhiges Scharren oder Stampfen sind hier Anzeichen für Kälteempfindlichkeit.

Pferde unterscheiden sich im Gemüt, in der Fellstruktur, im Exterieur und in der Sensibilität. Bei der Massage von Pferden müssen diese Dinge berücksichtigt werden, um jedem Tier die geeignete Behandlung zukommen zu lassen. Das Gefühl beim Massieren ist ausschlaggebend für die Wirkung einer Massage und somit für den Behandlungserfolg.

Die Beurteilung des Exterieurs

Es ist von Vorteil, die Schwächen und Anfälligkeiten eines Pferdes zu kennen, wenn man Pferde massieren möchte. Man ist dadurch in der Lage, frühzeitig Verletzungen, Krankheiten und allgemeines Unwohlsein aufzuspüren und die Massagebehandlung darauf abzustimmen.

Die Beurteilung des Exterieurs und die Einstufung von spezifischen Eigenheiten und Verhaltensweisen hilft dem Masseur, auf das Pferd einzugehen. Eine gewisse Erfahrung im

Das Exterieur wird zunächst einer allgemeinen Begutachtung unterzogen, wobei rassetypische Merkmale einbezogen werden müssen. Typisch für den Achal Tekkiner auf dem Foto ist beispielsweise die schlanke Statur mit langen Beinen.

Umgang mit dem Pferd sowie theoretische Kenntnisse sind hier gefragt.

Es gilt zunächst, das Pferd einer Gesamtbeurteilung zu unterziehen. Hat es einen langen oder kurzen Rücken, ist es wohlproportioniert, hat es lange Beine, eine breite Brust oder Stellungsfehler? All diese Aspekte weisen auf diverse Eigenschaften des Pferdes hin.

Ist der Kopf des Pferdes klobig und schwer, kann das Tier mit seinem Gleichgewicht ein Problem haben. Ein langer Hals steht meist auch mit einem langen Rücken in Verbindung. Obwohl ein langer Hals gut als „Balancierstange" dienen kann, ist ein langer Rücken für Entzündungen anfällig. Im Gegensatz zu einem kurzen Rücken ist er zwar biegsamer, allerdings leidet auch die allgemeine Wendigkeit des Pferdes, wenn der Rücken lang ist. Senkrücken (Lordose) zeigen Anfälligkeiten auf arthritische Veränderungen und Kissing spines (Berührung und Verwachsung der Wirbeldornfortsätze). Auch eine Kyphose (Aufwölbung nach oben wie bei einem Karpfenrücken) kann Arthritis begünstigen.

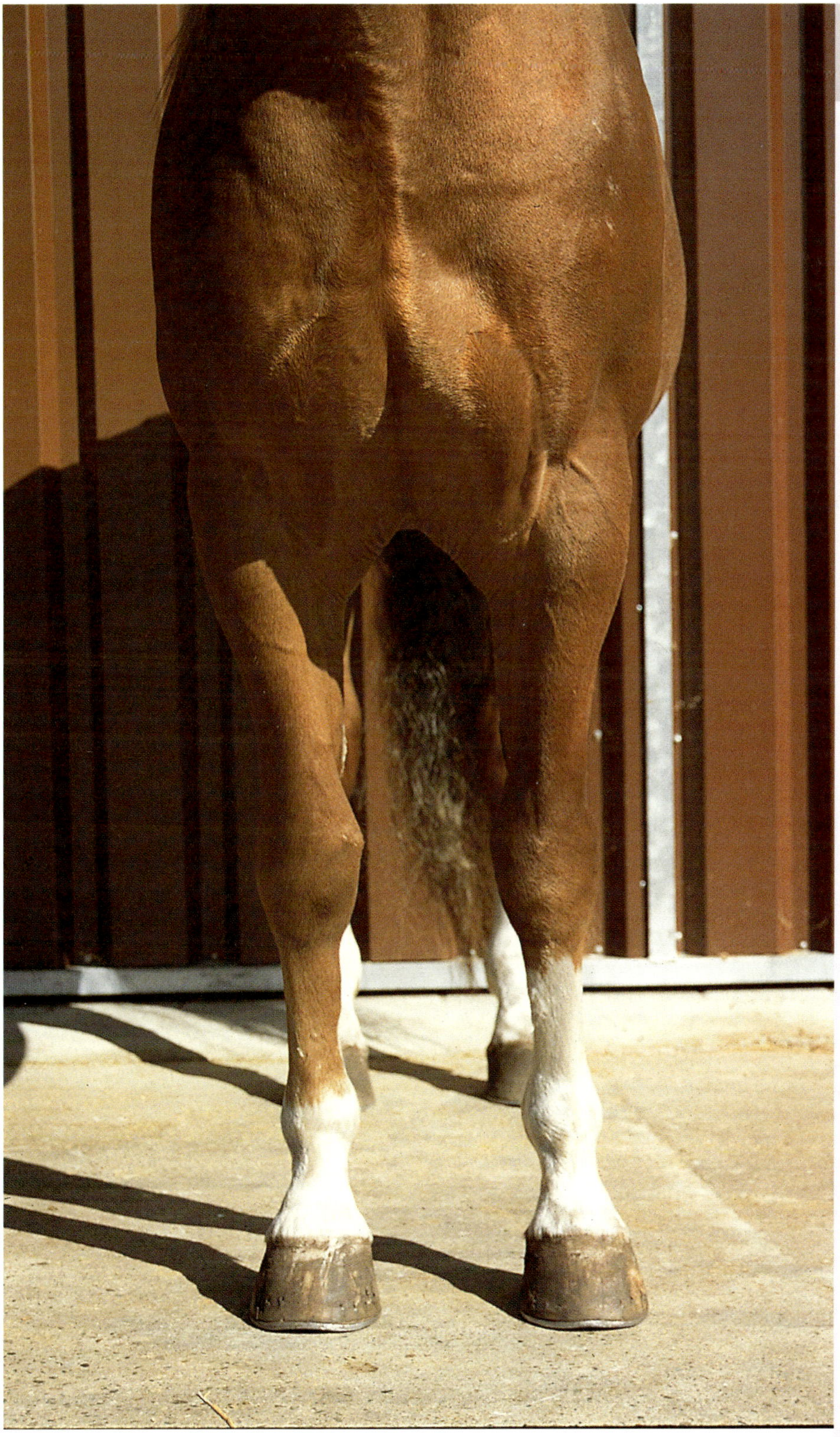

Pferde mit einer breiten Brust können sich gut ausbalancieren

Jede Fehlstellung von Wirbeln im Hals- oder Rückenbereich führt zu einer Verspannung der Muskulatur. Andersherum muss eine Muskelverspannung aber nicht unbedingt auf eine Wirbelfehlstellung hindeuten.

Haben Pferde eine breite Brust, sind sie meist sehr gut ausbalanciert, allerdings können diese Pferde oft nicht rund galoppieren. Eine schmale Brust schränkt aber auch die Beweglichkeit der Beine ein, insbesondere bei Seitwärtsgängen. Wenn die Gurtentiefe ungenügend ist, hat das Pferd weniger Sauerstoffkapazität, weil die Lungen nicht viel Platz im Brustkorb haben. Wünschenswert sind außerdem schräge Schultern, die ein gutes Vorgreifen der Vorhand ermöglichen. Dieselbe Winkelung sollte das Becken haben, womit sich mit der Verbindung der Oberlinie und der Bauchlinie ein gleichmäßiges Trapez darstellen lässt.

Die Winkelung der Fesseln und der Hufe sollte mit der der Schulter übereinstimmen. Lange, weiche Fesseln bringen viel Elastizität in die Bewegung, allerdings werden auch die Sehnen stark beansprucht. Durch kurze und steile Fesseln hingegen werden die Gelenke stärker belastet.

Die Röhrbeine sollten kurz und kräftig sein. Allgemein sollten alle knochigen Partien kurz und alle fleischigen (Muskulatur) großflächig sein. Somit kann eine gute Muskulatur die Sehnen-, Knochen- und Bänderstrukturen unterstützen und schützt vor frühzeitigem Verschleiß und Verletzungsanfälligkeit.

So wünscht man sich auch eine gut bemuskelte, kurze Lendenpartie, weil die Knochenstruktur (Lendenwirbelsäule) keinen Unterbau besitzt und damit relativ anfällig ist. Sehr viele Krankheitsbilder (Rotationen, Blockaden, Entzündungen, Arthrose) zeigen sich im Lendenwirbelbereich.

Leistungsträger

Leistungsfähige Pferde zeichnen sich durch großflächige Muskelpartien und kurze, kräftige Knochenstrukturen aus.

Das „ideale" Pferd findet man leider nur selten und jede Pferderasse hat ihre Eigenheiten, die nicht immer (je nach Verwendung und persönlichem Geschmack) vorteilhaft sind, aber häufig die Rasse charakterisieren. So sind eine gerade auslaufende Kruppe, ein kurzer, oft sogar steifer Rücken, lange Beine mit häufig auch sehr langen Röhrbeinen typisch für Araber. Der extreme Gegensatz scheint das Kaltblutpferd darzustellen, das einen gedrungenen Körperbau mit starken, volumigen Muskeln aufweist. Auch die Fellstruktur ist von Rasse zu Rasse deutlich unterschiedlich. Das Islandpferd trägt ein Fell mit starker Unterwolle und langem Deckhaar, das ideal vor Kälte schützt. Das vollblutbeeinflusste Pferd hat ein sehr dünnes, kurzes und seidiges Fell und bildet auch im Winter kaum Unterwolle aus, obwohl es Kälte hervorragend verträgt.

Unterschiede in der Muskulatur

Es lassen sich nicht nur bei den verschiedenen Pferderassen, sondern auch innerhalb einer Rasse deutliche Unterschiede in vielen Bereichen feststellen.

Davon ist auch die Muskulatur, mit der sich der Masseur in erster Linie

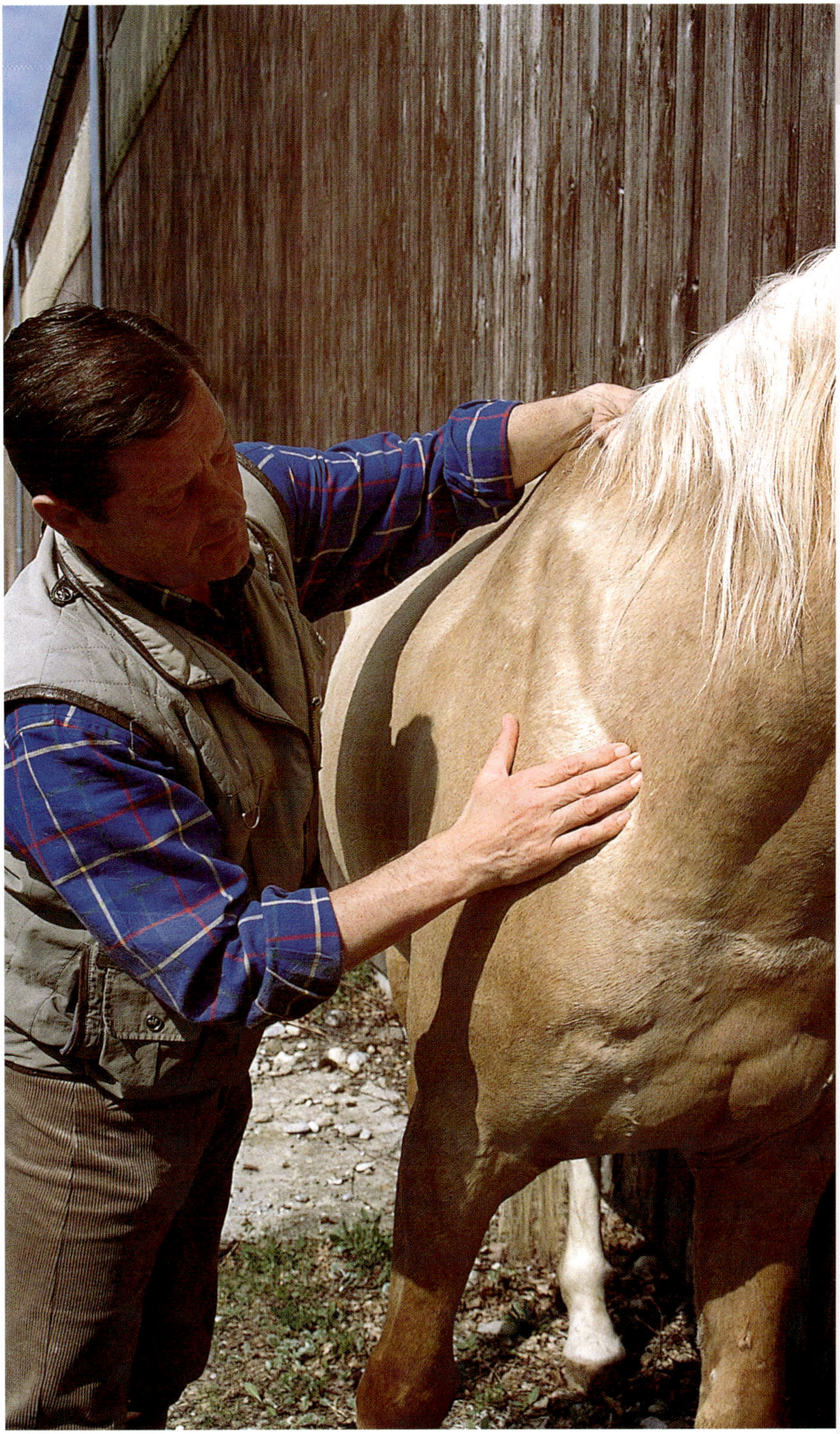

Den Muskeltonus kann man durch Palpation feststellen.

direkt befasst, betroffen. Angesprochen wurde schon die Verteilung von so genannter roter und weißer Muskulatur bei verschiedenen Pferderassen. Die weiße Muskulatur hat eine deutlich sehnigere Struktur als rote Muskeln, sie erscheint auch fester und straffer als rote Muskulatur.

Dies kann man auch bei der Palpation (Abtasten) der Muskelpartien feststellen. Wenn sich die Muskeln des einen Pferdes fest anfühlen, heißt dies deshalb noch lange nicht, dass das Pferd Verspannungen hat.

Hinzu kommt der allgemeine Muskeltonus, der von verschiedenen Faktoren bestimmt wird. Der Spannungszustand eines Muskels hängt sehr stark mit der psychischen Verfassung des Pferdes zusammen. Ängstlichkeit, Misstrauen oder ungewohnte Umgebung versetzen die Muskulatur in eine erhöhte Bereitschaft, also Spannung. Verschiedene äußere und innere Einflüsse können den Muskeltonus beeinflussen.

Dabei muss die Basisspannung in einem Muskel nicht unbedingt erhöht werden, bestimmte Faktoren verringern auch den Tonus in einem Muskel. Müdigkeit, Krankheit, aber auch Wettkampfstress können den Tonus sowohl erhöhen als auch verringern.

Bei der Beurteilung der Muskulatur muss auch der Trainingszustand in Betracht gezogen werden. Ein durchtrainiertes Pferd hat größere Muskelpakete, die häufig unter einem höheren Basistonus stehen als die Muskulatur eines untrainierten Pferdes.

Allerdings müssen die Arbeitsweise der Muskulatur (rote oder weiße Fasern), die Rasse und allgemeine derzeitige psychische wie physische Konstitution in die Beurteilung mit einbezogen werden. Erst mit zunehmender Erfahrung lernt man den Spannungszustand einzuschätzen und zu erkennen, wann die Muskulatur fest ist.

Wenn man Pferde massieren möchte, muss klar sein, dass die tieferen Muskelschichten kaum direkt erreicht werden können.

Der Händedruck müsste eine Kraft erzeugen, die eine Verletzung der Haut und der oberflächlichen Muskeln verursachen würde. Eine Verspannung der tieferen Muskelschichten wirkt sich aber immer auch auf die oberflächlichen Muskeln aus. Muskelspasmen setzen sich fort und weiten sich auf benachbarte Regionen aus. Entspannte Muskeln beeinflussen ihre Nachbarn ebenso. Andererseits kann man über Nervenstimulationen auch entferntere Bereiche ansprechen.

Schwierig ist die Massage bei Pferden, die eine deutliche Fettschicht auf ihren Rippen tragen, da man nur schwer zur Muskulatur durchdringen kann. In diesem Fall ist es auch nicht einfach festzustellen, in welchem Spannungszustand sich die Muskeln befinden. Fettleibige Pferde sollten zur Gesunderhaltung sowieso abgespeckt werden.

Dies trägt schon einen Großteil zum allgemeinen Wohlbefinden bei. Bei einem richtig ernährten Pferd sind die Rippen zwar nicht sichtbar, aber bei leichtem Druck mit der Hand zu spüren. Zu mager ist ein Pferd, wenn die Rippen sichtbar sind. Kann man die Rippen nur mit viel Druck oder gar nicht erfühlen, ist das Pferd zu dick.

Sensibilität und Typ

Pferde sind allgemein sehr sensible Tiere. Sie können eine Fliege auf ihrem Fell spüren. Allerdings unterscheiden sie sich in ihrer Empfindsamkeit sehr deutlich. Die Sensibilität des jeweiligen Pferdes ist bei der Massage zu berücksichtigen.

Schwerfällige, muskelbepackte Pferdetypen vertragen in der Regel mehr Druck als dünnhäutige, schlanke und „trockene" Typen. Nimmt man als Vergleich wiederum den Kaltblüter und Araber als Beispiel, ist festzustellen, dass ersterer gegenüber äußeren Einwirkungen wesentlich unempfindlicher reagiert als das Wüstenpferd. Die Unterschiede sind aber wie so oft nicht immer rasseabhängig. Der Typ des jeweiligen Pferdes – es gibt ja auch viele Mischlinge, die sowohl Vollblut als auch Ponyblut oder Kaltblut in ihren Adern führen – ist hierfür meistens entscheidend.

Allerdings reagieren Pferde auf Berührungen auch aufgrund ihrer Erfahrungen sehr unterschiedlich. Pferde mit schlechten Erfahrungen, also Reittiere, die oft ungerechtfertigt geschlagen oder allgemein grob behandelt worden sind, misstrauen dem Behandler und reagieren übersensibel. Diese Reaktion verstärkt folglich auch Muskelverspannungen oder führt sie erst herbei.

Andererseits stehen ebenso Pferde der Berührung durch die Hand des Menschen skeptisch gegenüber, die von ihren Besitzern wie wertvolle Porzellanvasen behandelt und von möglichst jedem Handkontakt fern gehalten wurden.

Die damit erzeugte Übersensibilität verursacht oft drastische Umgangsprobleme, die eine Massagebehandlung zunächst nicht gerade erleichtern. Der Vertrauensgewinn des Pferdes muss deshalb vor jeder Massage die Grundlage bilden.

Die Druckstärke bei der Behandlung mit Massage hängt von vielen Faktoren ab. In erster Linie aber entscheidet das Pferd, welchen Druck es zulässt. Eine Entspannung – das Ziel der üblichen Massagebehandlung – kann nur über das Wohlbefinden erreicht werden. Zwar sind Schmerzreaktionen bei der Palpation sensibler, verspannter und unausgeglichener Zonen nicht vermeidbar, sie müssen sich aber im Laufe der Behandlung in Entspannung auflösen, so dass die Berührung schließlich „gut tut" und nicht mehr schmerzhaft ist.

Da man bei den Pferden von unterschiedlichen Voraussetzungen (Spannungszustände) und Empfindungen (Sensibilität) ausgehen muss, wird immer das Gefühl des Masseurs die Art der Behandlung bestimmen.

III So werden Pferde fit

Athlet Pferd

Schon seit der Domestizierung des Pferdes hat der Mensch die Fähigkeiten des Vierbeiners für sich genutzt. Heutzutage tritt das Pferd nur noch selten als Lastentier, Arbeitspferd oder Fortbewegungsmittel auf, sondern dient in erster Linie der sportlichen Freizeitbeschäftigung. Sportliche Aspekte stehen im Vordergrund, ob breiten- oder leistungssportlich betrachtet.

Jeder Ritt hat einen Trainingscharakter, der auf den Organismus positiv oder negativ wirken kann. Die Wirkung folgt aus der Methode, wie das Pferd unter welchen Voraussetzungen geritten und trainiert wird.

Unzureichende Kenntnisse über das Training von Pferden und die Funktion des Organismus führen nicht selten zu dauerhaften Schädigungen, die weder Tierarzt, physiotherapeutische Behandlungen, noch die Zeit als Heilungsfaktor beheben können.

Reiten ist Training

Immer wenn man ein Pferd reitet, trainiert man es auch – mit positivem oder negativem Ergebnis, das hängt von der Art und Weise des Trainings ab.

Die Überforderung von Pferden findet nicht nur – wie oft angenommen – überwiegend im Hochleistungssport statt, sondern tatsächlich auch sehr häufig auf breitensportlicher Ebene, also im Freizeitbereich. Dies hängt nicht mit den Leistungsanforderungen zusammen, sondern mit dem Aufbau des Trainings, dem reiterlichen Können und Einsatz des Pferdes. Ein Freizeitreiter, der die Woche über nur wenig Zeit für sein Pferd verwenden kann, am Wochenende aber mit Freunden zusammen einen 25 Kilometer langen Ritt (womöglich noch in verschärftem Tempo) absolviert, belastet den Organismus des Pferdes stärker als ein professioneller Turnierreiter, der

Ein fein abgestimmtes Trainingsprogramm schützt das Pferd vor Überforderung und frühzeitigem Verschleiß.

sein Pferd auf den Tag X durch ein fein abgestimmtes Trainingsprogramm vorbereitet. Dies auch, wenn das Turnierpferd am Tag X höhere Leistungen vollbringen muss als ein 25 Kilometer-Ritt in flottem Tempo abverlangen würde.

In jeder Beziehung ist das Pferd also ein Athlet, der nicht nur auf diversen Turnieren in den unterschiedlichsten Disziplinen seine Leistung erbringen muss, sondern auch als Freizeitkamerad entsprechenden Be- und manchmal auch Überlastungen ausgesetzt ist. Durch reiterliches Unvermögen des so genannten „Nur-Freizeitreiters" wird das Freizeitpferd zusätzlich überlastet. Es ist kein unerklärliches Phänomen, dass eine deutliche Mehrheit aller freizeitmäßig gerittenen Pferde an muskulären oder Knochenproblemen leidet.

Der Ausgangspunkt von muskulären und knöchernen Veränderungen sind meist Rücken oder Beine. Der Anteil von verschlissenen Pferden im Leistungssport ist schätzungsweise geringer, da den Trainern und leistungsorientierten Reitern bewusst ist, dass nur gesunde Pferde hohe Leistungen erzielen können, und sie deshalb alles dafür tun. Die Gesunderhaltung des Leis-

Die Anpassungsfähigkeit des Pferdes an die geforderten Leistungen ist nahezu optimal.

tungspferdes ist nur durch einen fundierten Trainingsaufbau möglich, der Gelenke, Sehnen, Bänder und Muskeln lange funktions- und leistungsfähig erhält.

Das Training des Sportpferdes

Von seinen physiologischen Voraussetzungen ausgehend ist das Pferd ein Sprinter. Besonders der Anteil von weißen Muskelfasern, die den Muskeln eine schnelle Kontraktion erlauben, dafür aber relativ rasch ermüden, da sie im anaeroben Bereich arbeiten, deutet darauf hin.

Dagegen können Sehnen nicht ermüden, somit scheint das Pferd auch für Langstreckenleistungen geeignet zu sein, wenn man in Betracht zieht, dass das Pferd eine sehr sehnige Muskulatur hat. Außerdem ist das Pferd in der Lage, seine Leistungsfähigkeit durch erhöhte Sauerstoffaufnahme stark zu steigern.

Die hohe aerobe Kapazität kann durch die große Steigerungsfähigkeit der Pumpleistung des Herzens, das hohe Transportvolumen von Sauerstoff des Blutes und gute Sauerstofffreisetzung in der Muskulatur erreicht werden.

Sprintspezialisten können ihre schnell kontrahierenden „weißen" Muskeln zu „roter" Muskulatur umbauen – umgekehrt ist dies hingegen nicht möglich. Anders ausgedrückt heißt dies, dass sich die Schwelle von der aeroben Leistungsfähigkeit zur anaeroben Kapazität verschieben kann. Die Anpassungsfähigkeit des Pferdes an die (vom Menschen) geforderten Leistungen ist deshalb nahezu optimal.

Es ist jedoch falsch, beim Training des Pferdes nur an den Aufbau von Muskulatur zu denken. Muskeln können sehr schnell gestärkt werden und nehmen rasch an Volumen zu.

Der erfahrene Trainer weiß, dass der ganze Organismus des Pferdes trainiert werden muss – nicht nur die Muskulatur. Dazu gehört das Herz, der Kreislauf, aber auch Sehnen, Bänder und Knochen müssen trainiert werden. Das Konditionieren von Sehnen, Bändern, Knorpel und Knochen dauert jedoch um ein Vielfaches länger als der Muskelaufbau. Diese Aufbauphase beträgt bis zu drei Jahren, weshalb ein Pferd frühestens mit sechs bis sieben Jahren Höchstleistungen erbringen soll. Dies aber auch nur dann, wenn es drei Jahre zuvor kontinuierlich gearbeitet worden ist. Frühere Höchstleistungen führen zu vorzeitigem Verschleiß in diesen Strukturen.

Der Aufbau des Trainings

Die Reife eines Pferdes ist je nach Rasse, Konstitution und Aufzucht unterschiedlich. Zu den spätreifen Rassen zählt man den Isländer und andere Ponyrassen, während das Vollblutpferd – sicherlich aufgrund der züchterischen Selektion – zu einem frühreifen Pferd avanciert ist. Im Allgemeinen wird empfohlen, Pferde erst nach abgeschlossenem dritten Lebensjahr in die Arbeit zu nehmen. Bei Isländern verschiebt sich dieser Zeitpunkt aufgrund seiner Spätreife auf ein bis zwei Jahre später. Englische Vollblüter und vollblutbeeinflusste Pferde wie das Quarter Horse erlaubt man sich zuweilen schon zweijährig (auch leistungsmäßig) einzusetzen.

Es gilt als sicher, dass die Epiphysenfugen (Wachstumsfugen) bis zum Alter von sechs bis sieben Jahren aktiv sind, das Pferd sich also noch im Wachstum befindet. Die Knorpelkappen der Dornfortsätze der Wirbel wachsen hingegen sogar bis zum zehnten Lebensjahr, so dass das Pferd bis zu diesem Alter noch an Größe zunehmen kann. Die Belastung der knorpeligen Dornfortsatzenden durch Sattel und Reitergewicht wirkt sich sicherlich nicht positiv aus. Natürlich bedeutet eine Überlastung des Pferdes in jungen Jahren aufgrund der noch nicht geschlossenen Epiphysenfugen eine dauerhafte Schädigung.

Die Gewöhnung des Pferdeorganismus an die reiterliche Belastung muss immer langsam und behutsam geschehen. Ein gut durchdachter Trainingsplan über einen großzügigen Zeitrahmen unterstützt die Gesunderhaltung des Pferdes, verhindert Überforderungen und frühzeitigen Verschleiß.

Ein guter Trainingsplan umfasst Abwechslung. Dies nicht nur, um die Aufmerksamkeit und Leistungsbereitschaft des Pferdes zu erhalten, sondern auch, um alle Strukturen – sowohl Organe als auch Muskeln, Sehnen, Knochen und Bänder – konditionieren zu können. Der Trainingsplan richtet sich aber auch nach dem Trainingsziel. Wenn das Ziel in einem 60 Kilometer-Distanzritt liegt, wird der Reiter sein Pferd nicht (nur) durch Springen trainieren.

Der Trainingsplan

Die Planung des Trainings orientiert sich an den Trainingszielen. Das Trainingsprogramm umfasst außerdem einen zeitlichen Rahmen für die Trainingsmittel, -inhalte und –methoden.

Zunächst gilt es zu unterscheiden, ob das Leistungsziel eine Ausdauer- oder Sprintleistung beinhaltet. Ein Distanz- oder Wanderritt ist eine Ausdauerleistung, die im aeroben Bereich geleistet wird. Rennen über kurze Strecken oder Springen benötigen eine anaerobe Kapazität. Grundsätzlich verschiebt sich die aerobe Schwelle mit zunehmender Konditionierung. Das bedeutet, dass das Pferd ausdauernder wird, also länger im aeroben Bereich arbeiten kann, je besser es trainiert ist.

Das Pferd soll überwiegend im aeroben Bereich trainiert werden, um Überlastungen des Organismus (Kreislauf, Herz, Lunge) zu vermeiden. Dadurch lernt es, längere Strecken in gleichmäßigem Tempo und bei regulierter Sauerstoffzufuhr zurückzulegen. Will man auf einen 60 Kilometer langen Distanzritt hin trainieren, ist es dabei nicht notwendig, 60 Kilometer weit zu reiten. Das sorgfältig aufgebaute Training über kürzere Strecken wird das Pferd auf eine Weise konditionieren, dass es auch für einen 60 Kilometer-Ritt gut vorbereitet ist.

Das Training im aeroben Bereich wird aber mit zunehmender Kondition des Pferdes schwierig, da immer weitere Strecken geritten werden müssten, um eine Leistungsverbesserung zu erreichen. Dabei werden auch die Beine in Mitleidenschaft gezogen und unterliegen einer höheren Verschleißgefahr. Deshalb bezieht man nun das anaerobe Training in den Trainingsplan mit ein.

Leistung erhalten – Leistung steigern

Ein gutes Training besteht also aus einer Mischung von aeroben und anaeroben Trainingsbestandteilen. Dies verbessert in erster Linie den Puls und konditioniert das Herz. Jedoch muss man darauf achten, dass weder das Ausdauer- (aerob) noch das Intervalltraining (anaerob) übertrieben werden, weil jegliche Überforderung das Pferd schädigen können.

Beim Intervalltraining sind die zwischengeschalteten Erholungsphasen besonders wichtig. Das Pferd sollte sich nach einer anstrengenden Galoppphase oder Kletterarbeit in langsamem Tempo (Schrittphase) fast vollständig erholen können. In fortgeschrittenem Training lässt man das Pferd nur zu drei Viertel erholen, bevor eine erneute Leistungsphase erfolgt.

Ein gut trainiertes Pferd kann im Wettkampf solide Leistungen erzielen und wird nicht überfordert.

Die Belastungsintervalle richten sich nach der vorhandenen Kondition des Pferdes, dessen Konstitution, dem Tempo, den Geländegegebenheiten und der Anzahl der Intervalle.

Der gesamte Trainingsplan über eine ganze Woche darf jedoch anstrengendes Intervalltraining höchstens zweimal beinhalten. Das Pferd benötigt etwa drei bis vier Tage, um sich von einem anstrengenden Training zu erholen. Deshalb wäre das Pferd überfordert, wenn es täglich oder jeden zweiten Tag einem harten Training unterzogen werden würde. Zudem muss das Training über mehrere Wochen geplant und aufgebaut werden. Ein Trainingsplan über mehrere Wochen könnte deshalb in etwa so aussehen:

- **Erste bis zweite Woche:** 80 Prozent Schrittreiten, 20 Prozent traben über 30 bis 90 Minuten steigernd;

- **dritte bis vierte Woche:** Ausritte wie oben, zweimal pro Woche leichte Dressurarbeit über 45 Minuten;

- **fünfte Woche:** zweimal Dressurarbeit, einmal Springarbeit, sonst Ausritte wie oben inklusive leichte Kletterarbeit im Gelände;

- **sechste bis zehnte Woche:** zweimal Dressurarbeit, einmal Springarbeit, einmal Gymnastizierung (zum Beispiel Longieren mit Cavaletti), zweimal Ausritte mit Galoppphasen und Kletterstrecken, einmal ruhiger Schrittausritt, Mitnahme als Handpferd oder Weidegang;

Die Erholungsphasen während des Trainings sind mindestens so wichtig wie die Belastungsphasen. Der Organismus muss sich nach jeder Anstrengung ausreichend erholen können, um Überlastungen zu vermeiden und Trainingsfortschritte zu erzielen.

> *Anstrengung und Erholung*
>
> *Jeder Belastungsphase muss eine Entspannungsphase folgen, um Überlastungen zu vermeiden und dem Pferd die Gelegenheit zur Erholung zu geben.*

Die Erholungsphasen sind zwischen den Trainingstagen einzuhalten, aber auch innerhalb der Trainingseinheiten. Hier ein Beispiel für eine Trainingseinheit im Gelände (sechste bis zehnte Woche) eines bereits gut konditionierten Pferdes:

- Zehn bis 15 Minuten fleißiger Schritt (Lösungsphase);

- fünf Minuten Trab, drei Minuten Galopp (Aufwärmphase) – Handwechsel nicht vergessen!, zwei Minuten Schritt (Entspannung);

- 150 Meter schneller Galopp, anschließend drei Minuten Schritt am langen Zügel (Schnelligkeitstraining) – dreimal wiederholen;

- 30 Meter Kletterstelle, drei Minuten Schritt-Erholungsphase (Krafttraining) – dreimal wiederholen;

- Kletterstelle im Galopp oder Trab, drei Minuten Schritt-Erholungsphase (Schnellkrafttraining) – dreimal wiederholen;

• drei Minuten Galopp mit etwa 70 Prozent der Hochstgeschwindigkeit, vier Minuten Schritt-Erholungsphase (Ausdauertraining) – dreimal wiederholen;

• 15 bis 20 Minuten Schritt am langen Zügel zum Abschwitzen und Regenerieren;

• danach helfen Massagen und Dehnübungen, um Muskelkater vorzubeugen und eventuelle Spannungszustände zu lösen.

Für ein Basistraining muss man ungefähr drei Monate veranschlagen, um eine gute Grundkonditionierung zu erreichen. Ein Pferd, das im Training vorübergehend „zurückgefahren" wurde (Winterpause, Verletzungspause oder Ähnliches) benötigt weniger Zeit, um wieder fit zu werden. Die jeweiligen Umstände bestimmen den Trainingsplan.

Ein gut konditioniertes Pferd muss durch ein Basistraining fit gehalten werden, damit es seine Leistungsfähigkeit nicht abbaut. Das Erhaltungstraining ist dabei weniger anstrengend als das Steigerungstraining und findet überwiegend im aeroben Bereich statt.

Der größte Fehler, den der Reiter machen kann, ist, in Extreme zu verfallen. Nach einem anstrengenden Training oder Wettkampf sollte das Pferd am nächsten Tag möglichst nicht in der Box stehen bleiben. So wie eine Belastungsphase langsam aufgebaut wird, muss sie auch wieder abgebaut werden.

Deshalb ist am Tag nach einem harten Wettkampf oder Training ein leichteres Bewegungsprogramm angesagt. Der nächste Tag eignet sich dann für einen lockeren Schrittausritt und erst dann sollte ein Erholungstag auf der Weide erfolgen. Nach dem Ruhetag auf der Koppel baut man einen lockeren Ausritt ein, steigert die Belastung von Tag zu Tag und baut sie anschließend wieder langsam ab. Dadurch werden Überlastungen, Verschleiß und Krankheiten (beispielsweise Kreuzverschlag) vermieden.

Man kann das Training mit vielerlei Hindernissen und Aufgaben abwechslungsreich gestalten. Ein hervorragendes Training ist das Waten im Wasser. Dabei werden die Muskeln gekräftigt, während die Sehnen- und Bänderstrukturen durch die Trägheit des Wassers geschont werden. Das Wasser sollte so tief sein, dass es dem Pferd bis zum Sprunggelenk oder knapp unter dem Bauch reicht.

Das Wassertraining bietet vielerlei Vorteile: Die Beine (Sehnen) werden gekühlt, ein kiesiges Bachbett massiert die Hufe und unterstützt dadurch den Hufmechanismus, der Huf kann Feuchtigkeit aufnehmen, die Beine werden beim Wassertreten stärker gebeugt, die Trägheit des Wassers fordert mehr Muskelkraft und schont dabei die Sehnen und Bänder (keine ruckartigen Bewegungen möglich, die zu Zerrungen führen können), Kreislauf und Lunge werden stärker beansprucht.

Das Schwimmtraining für Pferde sollte nur eingeschränkt in Betracht gezogen werden. Es fördert zwar den Muskelaufbau, beansprucht das Kreislaufsystem entsprechend und schont die Gelenke, Sehnen und Bänderstrukturen. Allerdings muss das Pferd beim Schwimmen den Rücken wegdrücken, was angesichts häufiger Rückenprobleme von Pferden kontraproduktiv ist.

Das Überwinden von Baumstämmen im Gelände, unebener Boden (mehr oder weniger große Bodenwellen) und unterschiedliche Bodenarten (Gras, Schotter, Lehm ...) bringt ebenfalls viel Abwechslung ins Trainingsprogramm.

Das Training des Pferdes ist nicht nur am Ziel auszurichten, sondern auch den entsprechenden Gegebenheiten anzupassen. Ob eine Steigerung des Trainings möglich oder eine Reduzierung nötig ist, kann über Kontrollmaßnahmen erkannt werden. Am einfachsten ist die Puls- und Atemkontrolle nach einer Anstrengung. Der Puls kann bei großer Anstrengung auf über 220 Schläge ansteigen (Ruhewert: 28 bis 40 Schläge pro Minute).

Als Faustregel gilt jedoch, dass Puls und Atmung sich nach etwa zehn Minuten so weit beruhigt haben sollen, dass sie höchstens das Doppelte der Ruhewerte des Pferdes aufweisen. Deshalb gilt: Nach einer Anstrengung wird dem Pferd eine zehnminütige Verschnaufpause eingeräumt. Dann werden die Puls- und Atemwerte gemessen. Sie dürfen nicht mehr als 76 Herzschläge pro Minute und 32 Atemzüge pro Minute aufweisen. Erhöhte Werte deuten auf eine Überforderung hin. Nach weiteren zehn Minuten sollten die Normalwerte (Ruhewerte) wieder erreicht worden sein.

Folgen von Überforderung

Häufige Folgen von übertriebenem Training und Überforderungen sind Hitzschlag, Dehydration, Lahmheiten, angelaufene Sehnen, Gurt- und Satteldruck.

Der gesamte Trainingsablauf kann mit einem gezielten Massageprogramm begleitet werden, das die Leistungsfähigkeit des Pferdes unterstützt und das Wohlbefinden steigert. Massagen können auch helfen, die Folgen von Überforderungen (angelaufene Sehnen) besser zu überstehen. Das bedeutet aber nicht, dass man Überforderungen riskieren kann, wenn man das Pferd anschließend massiert.

Wo kann Massage helfen? IV

Die Wirkung von Massage

Eine Massagebehandlung hat nicht nur eine Wirkung auf den Körper des Pferdes, sondern auch auf die Psyche. Körper und Psyche stehen eng miteinander in Verbindung. Wird auf den Körper Einfluss genommen, erstreckt sich die Wirkung deshalb automatisch auch auf die Psyche.

Obwohl man bei der Massage in erster Linie mechanisch (durch Druck) auf den Körper des Pferdes einwirkt, wird dadurch nicht nur unterschiedliches Körpergewebe beeinflusst, sondern beispielsweise auch das Nerven- und Energiesystem des Pferdes.

Wer sich schon einmal mit dem chinesischen Heilverfahren der Akupunktur oder Akupressur beschäftigt oder diese Heilmethode am eigenen Körper erfahren hat, weiß, dass über bestimmte Akupunkturpunkte das Energieverhältnis im Körper beeinflusst werden kann. Durch die Harmonisierung des Energieflusses über die so genannten Meridiane oder Energieleitbahnen können Krankheiten geheilt werden. Um jedoch eine gezielte Wirkung hervorrufen zu kön-

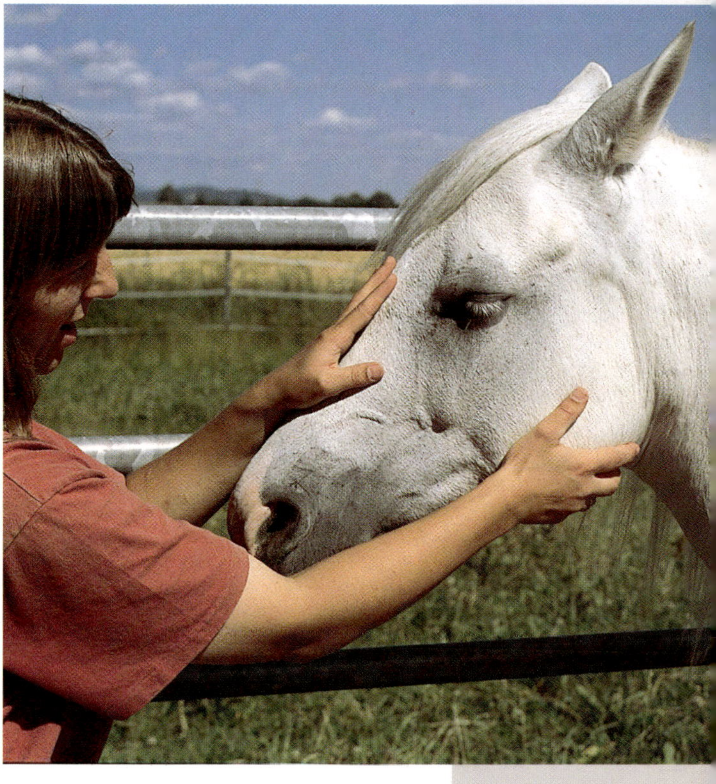

Eine Massage wirkt auch sehr stark auf die Psyche des Pferdes.

Eine Massagebehandlung löst nicht nur Vertrauen, Wohlbefinden und Entspannung aus, sondern stärkt auch das gegenseitige Verständnis zwischen Mensch und Tier.

nen, ist es notwendig, die Zusammenhänge und Philosophie der Technik zu begreifen.

Über Reflexbahnen sind weiter entfernte Gebiete und Organe ansprechbar, so dass eine Massagebehandlung nicht nur an Ort und Stelle seine Auswirkung zeigt, sondern im ganzen Körper. Diese Reflexe werden über Nervenbahnen weitergeleitet.

Vertrauen und Wohlbefinden

Ganz unabhängig von den Wirkungen der Massage auf gezielte Partien des Körpers eines Pferdes – zu welchem Zweck man eine Massagebehandlung hauptsächlich durchführt – wird auch die Psyche nicht unerheblich beeinflusst. Dies ist quasi eine Nebenwirkung, die aber durchaus positiv zu bewerten ist. Wenn der Masseur mit seinen Händen den Pferdekörper berührt, ist ein inniger Kontakt zwischen Mensch und Tier gegeben. Die Berührung schafft Vertrauen und erzeugt gegenseitiges Verständnis.

Allein durch das Betasten des Pferdekörpers, das Erfühlen der unterschiedlichen Regionen kann der Pferdebesitzer sein Pferd besser kennen lernen. Er erfährt die allgemeine Empfindlichkeit seines Pferdes auf bestimmten Druck, erfühlt die Weichheit der Haut und die Beschaffenheit der knöchernen, sehnigen und muskulären Strukturen unter der Haut. Dieser Kontakt zum Pferd ermöglicht eine ungeahnte Palette von Kommunikationsmöglichkeiten, zumal das Pferd in erster Linie über die Körpersprache kommuniziert.

Man darf sich diese Kommunikation allerdings nicht wie unsere verbale Sprache vorstellen, sondern muss von einer „Gefühlssprache" ausgehen, die man bei innerer Bereitschaft aufzunehmen und zu interpretieren imstande ist. Somit kann ein Pferd dem Menschen regelrecht „erzählen", wie es sich fühlt. Die Palpation (Abtasten) eines Pferdes kann dem Menschen vieles eröffnen, das einem bei bloßem Beobachten verborgen bleibt.

Pferde sind sehr gefühlsbetonte und sensible Wesen, die deshalb stark auf Berührungen ansprechen. Sobald sie erkannt haben, dass der Handkontakt des Menschen angenehm ist, bauen sie schnell Vertrauen auf.

Viele Pferde, die Schmerzen haben oder sich einfach nur unwohl fühlen, gehen Berührungen möglichst aus dem Weg, da sich hierdurch die Schmerzen verstärken könnten. Geht man jedoch mit viel Ruhe und sanfter Hand an die Behandlung heran, fasst das Pferd schnell Vertrauen und lernt, die Massage zu genießen.

Die Massage hat aber nicht nur auf das Pferd eine positive (vertrauensbildende) Wirkung, sondern sie hat auch für den Pferdebesitzer vorteilhafte Aspekte. Lernt man das Pferd aufgrund der Berührungen besser kennen, erreicht man damit automatisch auch eine tiefere Beziehung zu seinem Partner Pferd.

Daraus ergeben sich Vorteile im Umgang mit dem Vierbeiner und beim Reiten, da gegenseitiges Verständnis gegeben ist und damit die angestrebte Harmonie ein großes Stück näher rücken kann.

Der Einfluss auf das Gewebe

Bei der Massage wird mechanischer Druck auf das Gewebe ausgeübt. Dabei werden Flüssigkeiten (Blut, Lymphe) weggedrückt. Der Blut- und Lymphfluss wird also angeregt. Hebt man den Druck auf, füllt sich das Gewebe mit neuem, frischem Blut.

Beim Herausdrücken des „alten" Blutes werden Abfall- und Schlackestoffe mit wegtransportiert. Frisches Blut bringt Nährstoffe und Sauerstoff in den Bereich zurück. Der Blutkreislauf und somit der Stoffwechsel werden aktiviert. Auf diese Weise kann auch ein Lymphstau beseitigt werden, der zu Schwellungen (angelaufene Beine) führen kann.

Die Blutgefäße weiten sich aufgrund der Druckbehandlung aus, damit vermehrt Blut durch den Bereich strömen kann. Eine gesteigerte Durchblutung regt somit auch den Heilungsprozess von Verletzungen an. Außerdem werden vom Gehirn so genannte Endorphine (Schmerzstiller) ausgeschüttet, weshalb eine Massage auch schmerzlindernd wirkt.

Mit bestimmten Massagetechniken kann man Gewebe strecken und zusammendrücken. Damit erzielt man eine geschmeidigere und weichere Muskulatur. Die Massage hat deshalb Einfluss auf den Muskeltonus. Hyper-

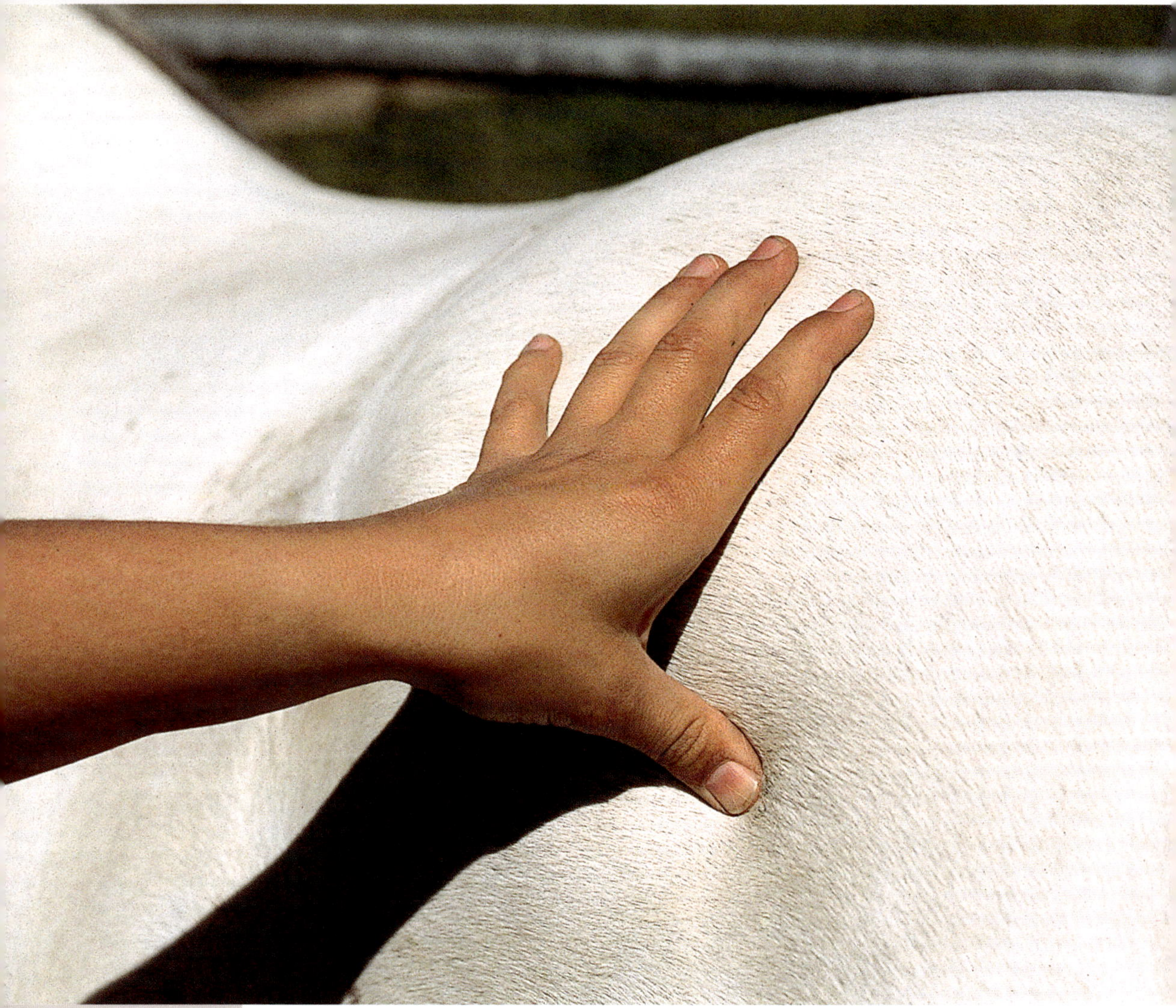

Direkter Druck presst mit Abfallstoffen belastetes, „altes“ Blut und Lymphe aus der Region weg. Beim Nachlassen des Drucks weiten sich die Blutgefäße und frisches Blut bringt Nährstoffe und Sauerstoff in den Bereich.

tonus, also eine übermäßige Spannung in der Muskulatur, kann durch Massagen reduziert werden.

Die Muskeltätigkeit wird aber auch angeregt, so dass ein Hypotonus (schlaffe Muskulatur) ebenfalls ausgeglichen werden kann.

Jede Form von Muskelverspannungen und -verhärtungen (Myogelosen), dauerhafte Kontraktur und Spasmen können durch Massagetechniken gelöst werden. Das Zurückführen der Muskulatur in die optimale Grundspannung erhöht die Gelenkbeweglichkeit und steigert somit die allgemeine Leistungsfähigkeit des Pferdes.

Verklebungen von Narbengewebe und Faszien können ebenso wie Verspannungen die Beweglichkeit einschränken. Eine weitere Wirkung der Massagebehandlung ist die Lösung solcher Verklebungen und die damit verbundene Wiederherstellung der Beweglichkeit.

Entstehung von Verspannungen

Muskelverspannungen sind die typischen Indikatoren, um auf eine Massagebehandlung zurückzugreifen. Auch viele Menschen klagen über Verspannungen (häufig im Schulter- und Nackenbereich). Vom Arzt verschriebene Massagen helfen, die Verspannungen zu lösen. Allerdings dauert es meist nicht lange, bis die Verspannungen wieder auftreten. Warum?

Keine Massage kann dauerhaft Wohlbefinden garantieren, wenn die verspannungsauslösenden Faktoren immer wieder auftreten und die Massagewirkung zunichte machen. Dies gilt sowohl für den Menschen als auch für das Pferd. Um Verspannungen bei Mensch oder Tier dauerhaft abzubauen, muss deren Ursache aufgespürt und beseitigt werden. Massagen können deshalb nur eine Unterstützung zum Wohlbefinden und zur Gesunderhaltung des Pferdes sein.

Fehlhaltungen

Es gibt kaum einen Büromenschen, der nicht über Verspannungen im Nacken- und Schulterbereich klagt. Diese rühren von Fehlhaltungen her, da der Mensch von Natur aus nicht für langes Sitzen am Schreibtisch geschaffen ist.

Auch das Pferd ist ähnlichen Fehlhaltungen ausgeliefert, da es seinen natürlichen Bewegungsmustern nicht immer nachkommen kann.

Das hat die unterschiedlichsten Ursachen. Viele Freizeit- und Sportpferde sind heutzutage in neun bis zwölf Quadratmeter großen Boxen untergebracht, in denen sie die meiste Zeit des Tages verbringen. Die Boxen erlauben den Pferden, sich nur eingeschränkt zu bewegen. Deutlicher ausgedrückt: Sie können sich praktisch nur umdrehen. Als Flucht- und Steppentier ist das Pferd aber auf Vorwärtsbewegung angewiesen. Der Körper ist auch darauf ausgerichtet: Die Hinterhand leistet die dafür notwendige Schubarbeit, die Vorhand fängt das Gewicht des Pferdes auf und hat eine Stützfunktion.

Nur durch genügend Bewegung ist gewährleistet, dass alle Körperteile gut durchblutet werden. Dies gilt insbesondere für die Beine des Pferdes. Hier agiert der Huf als „Blutpumpe", der aufgrund seiner Bewegungen (Hufmechanismus) beim Auf- und Abfußen den Blutkreislauf in Schwung hält.

Der Hufmechanismus kann aber nur bei genügend Bewegung funktionieren. Steht das Pferd zu lange, ist der Stoffwechsel verlangsamt und es kommt zu Schwellungen an den Beinen. Außerdem wird die Muskulatur fehlerhaft oder zu wenig eingesetzt. Sie erschlafft oder verspannt sich.

Wenn nun das Boxenpferd zum Reiten herangezogen wird, werden vom Muskelapparat plötzlich hohe Leistungen verlangt. Zu diesen ist er oft nicht fähig, weil dem Pferd häufig eine zu kurze Aufwärmphase (Lockerung, Aufwärmen) zugestanden wird oder ihm unnatürliche Aktionen unter dem Sattel abgefordert werden. Das Reitergewicht allein bedeutet schon eine unnatürliche Belastung des Muskelapparates. Kein Wunder, dass viele Reitpferde mit Rückenproblemen und Verspannungen belastet sind.

Sogar die Fütterung und Fütterungstechnik kann die Muskulatur negativ

Auch die Fütterungstechnik hat Einfluss auf den Spannungszustand der Muskulatur. Beim Fressen wird die Kaumuskulatur (m. masseter) stark beansprucht. Die Futtergabe am Boden entspricht dem natürlichen Verhaltensmuster und schont die Rücken- und Halsmuskulatur

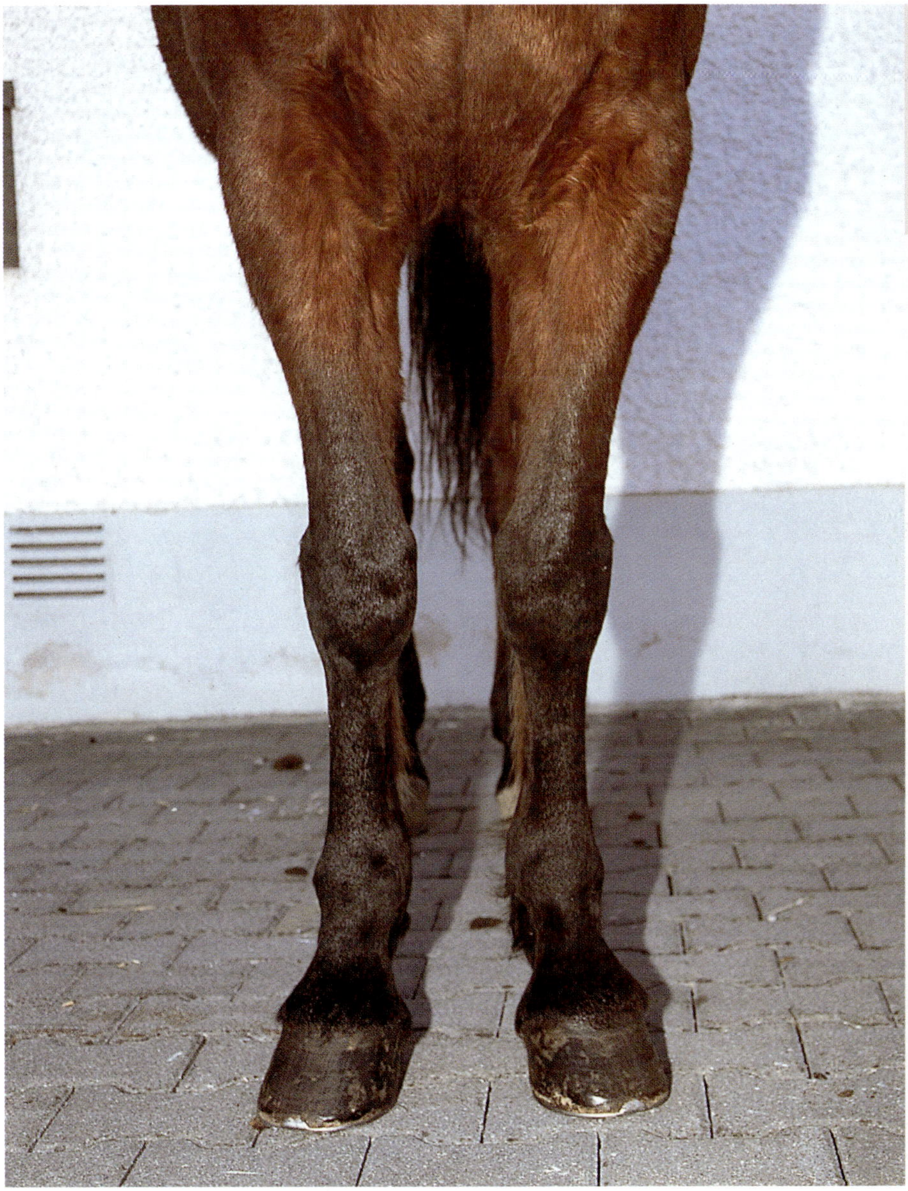

Fehlstellungen der Beine beanspruchen den Bänder- und Muskelapparat auf unnatürliche Weise und können Verspannungen und Überlastungen hervorrufen.

beeinflussen. Kaubewegungen erfordern eine bestimmte Leistung der Kaumuskeln (Musculus masseter). Zahnschmerzen führen zu Bewegungseinschränkungen im Kiefergelenk und Verspannungen der Kaumuskulatur. Die Verspannungen setzen sich in den Nachbarregionen – über Hals-, Brust und Rückenmuskeln – fort.

Kettenreaktion

Ein verspannter Muskel überträgt seine Arbeit auf die Nachbarmuskeln, die dadurch überlastet sind und selbst verspannen. So kann sich die Verspannung durch den ganzen Pferdekörper fortsetzen.

Eine unnatürliche Fütterungstechnik kann ebenfalls Verspannungen auslösen. Zu hohe Futterkrippen und hoch angebrachte Heuraufen führen aufgrund der unnatürlichen Fehlhaltung des Pferdes zu Verspannungen der Hals- und Rückenmuskulatur. Wenn ein Muskel verspannt ist, kann auch der Antagonist nicht mehr seine volle Leistung bringen. Die Bauchmuskeln sind die Gegenspieler der Rückenmuskulatur. Wenn also der Rücken verspannt ist, sind auch die Bauchmuskeln nicht mehr in der Lage, optimal zu kontrahieren, weil die Dehnfähigkeit der Rückenmuskeln nicht gegeben ist. Eine nicht benutzte Muskulatur erschlafft, eine übermäßig angespannte Muskulatur verkrampft.

Extreme Fehlstellungen der Beine und Hufe haben ebenfalls eine negative Auswirkung auf die Muskulatur. Die Muskeln und Sehnen müssen hier Mehrarbeit übernehmen, da die Bänder durch Gelenk-Fehlstellungen möglicherweise nicht dazu in der Lage sind, den Körper ausreichend zu stabilisieren. Fehlstellungen können auch unnatürliche Bewegungsmuster (zum Beispiel paddeln) hervorrufen, die von der Muskulatur „aufgefangen" werden müssen.

Nicht zuletzt können Muskeln überbeansprucht werden und somit verkrampfen, wenn eine Verletzung vorliegt. Ein verletztes Bein wird geschont und das Gewicht auf die anderen Beine verlagert. Damit wird die Muskulatur der gesunden Beine stärker in Anspruch genommen. Die Muskeln laufen Gefahr zu verspannen. Die Muskeln des verletzten Beins aber erschlaffen, weil sie durch die Schonung nicht oder nur eingeschränkt genutzt werden.

Reitereinwirkungen

Die Nutzung des Pferdes als Reittier ist von der Natur nicht vorgesehen. Deshalb entstehen sehr schnell Überlastungen des Pferdes, die sich meist erst langfristig auswirken. Die Gesunderhaltung des Reitpferdes ist abhängig vom richtigen Training, vom Einsatz des Pferdes und ganz besonders von der Reitereinwirkung.

Untrainierte und schlecht vorbereitete Pferde sind nicht in der Lage, das Reitergewicht auszubalancieren. Zunächst verspannen sich die schwachen Rückenmuskeln aufgrund der Druckeinwirkung durch das Reitergewicht. Nachfolgend werden auch die Brust-, Bauch- und Beinmuskeln fest. Später ergeben sich Bewegungseinschränkungen sowie Überlastungen der Gelenke (insbesondere auch der Wirbelgelenke) durch ungenügende Muskelunterstützung. Schließlich sind Verschleißerscheinungen in allen Bereichen möglich.

Aus diesem Grund müssen die Muskeln des Pferdes zunächst vorbereitet werden, um das Reitergewicht (mit-) tragen zu können. Deshalb werden junge Pferde zum Muskelaufbau anlongiert, bevor sie mit dem Reitergewicht konfrontiert werden. Nach längerer Reitpause, die durch Verletzung, Urlaub oder andere Gründe entstanden ist, muss das Pferd ebenfalls wieder neu antrainiert werden, da sich die Muskulatur bei einer Trainingspause abbaut. Schon nach wenigen Tagen bildet sich die Muskulatur langsam zurück.

Der Reiter ist der häufigste Auslöser von Muskelverspannungen beim Pferd. Sogar geübte Reiter sind nicht davor gefeit, ihre Pferde durch falsche Sitz-

Die Muskulatur von jungen Pferden muss durch sorgfältiges Anlongieren auf das Tragen des Reitergewichts vorbereitet werden.

einwirkungen zu stören. Die meisten Reiter sitzen mehr oder weniger schief und belasten eine Seite des Pferderückens stärker als die andere.

Damit ergibt sich ein unausgeglichenes Belastungsbild. Die Rückenmuskulatur der stärker belasteten Seite muss größerem Druck standhalten. Sie bildet sich besser aus, verkrampft sich aber auch schneller. Der kurze, starke Muskel steht einem langen und schwächeren Muskel gegenüber: Das Pferd kann sich somit besser zu seiner kurzen Seite hin biegen.

Dies beeinflusst auch die Schrittlänge und Balance des gesamten Pferdes. Unausgeglichenheiten führen schließlich wieder zu Verspannungen und Überlastungen in den unterschiedlichen Bereichen.

Schlimmer noch sind tatsächlich schlecht sitzende Reiter, die nicht in der Lage sind, die Bewegungen des Pferdes über ihren Sitz auszugleichen. Mit jedem Schritt plumpsen sie dem Pferd hart in den Rücken (vor allem im Trab und im Galopp). Der Schmerz veranlasst das Pferd, den Rücken nach unten wegzudrücken und die Muskulatur zu verspannen.

Auch klammernde Schenkel führen dazu, dass das Pferd die Bauchmuskeln verspannt – die Rückenmuskulatur kann sich nicht dehnen. Natürlich

Der Reiter ist der häufigste Auslöser von Muskelverspannungen. Unausbalancierter Sitz und harte Handeinwirkungen verspannen das Pferd vor allem im Hals und im Rücken.

führt eine starre Zügelführung ebenfalls zu Verspannungen zunächst in der Hals- und schließlich in der Brust- und Rückenmuskulatur. Selbst fortgeschrittene Reiter können Verspannungen heraufbeschwören, wenn sie dem Pferd während des Trainings keine Gelegenheit geben, sich zu lösen.

Jegliche Überforderung des Pferdes führt zu Verspannungen, weil der Muskel sich zwischendurch nicht erholen kann.

Ein Muskelaufbau ist nur möglich, wenn sich Anspannungs- und Entspannungsphasen abwechseln. Eine dauerhafte Kontraktur führt zur Verspannung des Muskels.

Ein schlecht sitzender Sattel ist ebenfalls ein häufiger Grund für Verspannungen der Rückenmuskulatur. Ist der Sattel nicht korrekt angepasst, ergeben sich punktuelle Druckstellen, die sehr schmerzhaft sind. Nicht zuletzt lösen unpassende Zäumungen Unbehagen und Schmerzen aus, woraus sich üblicherweise Muskelverspannungen herauskristallisieren. Der Reiter des Pferdes ist dafür verantwortlich, ausgewähltes Equipment zum Einsatz zu bringen, um dem Pferd ein angenehmes Arbeiten zu ermöglichen. Die Ausrüstung muss dem jeweiligen Pferd angepasst, von guter Qualität und sicher sein.

Der Reiter steht außerdem in der Pflicht, sich selbst auf möglichst hohem Niveau auszubilden, um dem Pferd Unannehmlichkeiten und Schmerzen durch unsachgemäße Hilfen- und Sitzeinwirkungen zu ersparen. Massagebehandlungen können zwar Schmerzen lindern und dafür sorgen, dass das Pferd sich wohler fühlt, allerdings ist es nicht möglich, damit Reiterfehler, unpassende Ausrüstung und unsachgemäßen Umgang auszugleichen. Die Massage ist lediglich als unterstützende Therapie zu sehen.

Anwendungsgebiete

Weil das Empfinden eines jeden Pferdes anders ist, muss man in der Auswahl der Massagetechniken auf das jeweilige Pferd eingehen. Doch nicht nur die Sensibilität, der Charakter und Typ des Pferdes entscheiden über die Form einer Massage, sondern auch der jeweilige Zustand und das Ziel, weshalb man eine Massage anwenden möchte.

Mit den unterschiedlichen Massagetechniken lassen sich bestimmte Effekte erzielen, die das Wohlbefinden des Körpers unterstützen, die Leistung steigern und Verletzungen schneller überwinden helfen.

Ein bestimmter Effekt ist jedoch nicht immer entscheidend für die Wahl der jeweiligen Technik. Man muss das Pferd und die Situation im Allgemeinen betrachten und viel mit Gefühl arbeiten, um ein optimales Ergebnis zu erzielen. Grundsätzlich lassen sich die Massagetechniken aber in Kategorien einordnen, an die man sich vor allem dann halten sollte, wenn man noch keine große Erfahrung mit der Pferdemassage hat.

Will man eine therapeutische Massage durchführen, sollte man zuvor immer mit dem Tierarzt sprechen. Es ist selten, dass Krankheiten oder Verletzungen nur durch eine Massage heilbar sind, obwohl eine Massagebehandlung Schmerzen lindern und die Heilung von Verletzungen unterstützen kann. Den Tierarzt aber ersetzt sie nicht.

In aller Regel wird sich der Freizeit- und Sportreiter an die Entspannungsmassage, die lösende und prophylaktische Massage halten, um seinem Pferd mehr Lebensqualität zu bieten, da sie sein Wohlbefinden steigert. Je mehr Erfahrung man mit der Massage gemacht hat, desto eher wird man die unterschiedlichen Griffe und Techniken differenzieren können und schließlich gezielter einsetzen.

Entspannung und Lockerung

Da Pferde sehr schreckhafte Wesen und als Fluchttiere immer „auf dem Sprung" sind, entstehen schnell Stresssituationen, die sich in Verspannungen äußern können.

Auch die Leistungsanforderung unter dem Sattel sowie schlechte Haltungsbedingungen (falsche Fütterungstechnik, Zoff mit Artgenossen oder Langeweile) sind Stressfaktoren, die zu Aggressivität und Unwohlsein führen können. Wenn die Umstände nicht oder nur unzureichend gebessert werden können, kann man zumindest mit einer Entspannungsmassage versuchen, Stress abzubauen.

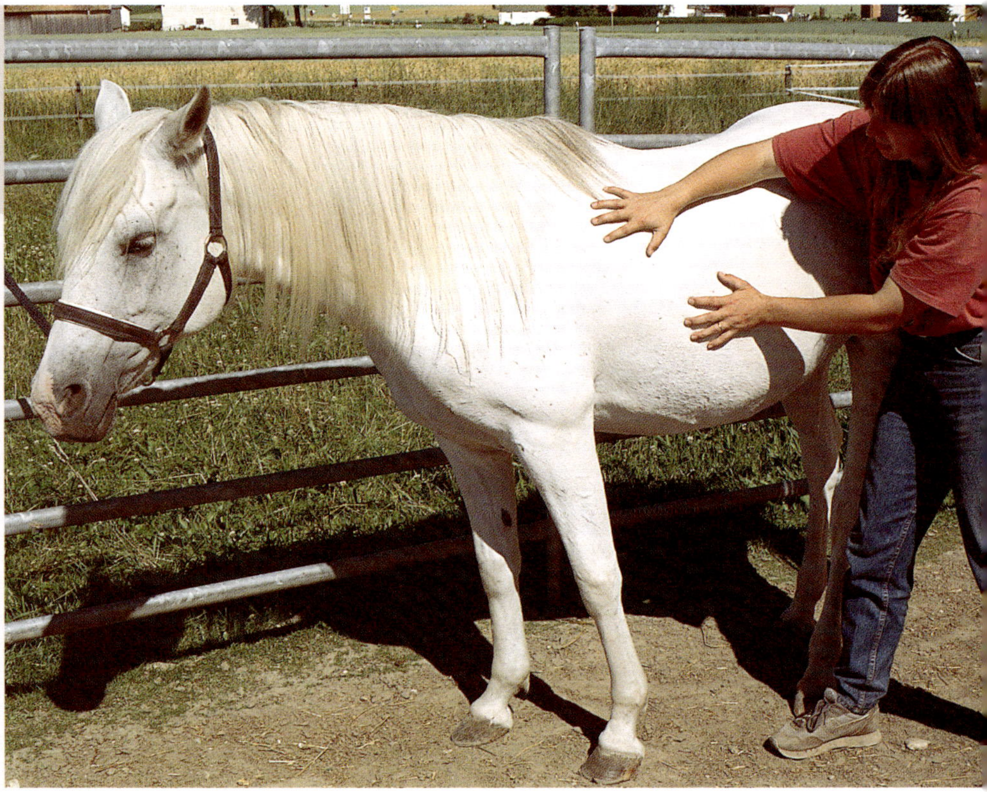

Der Basismassagegriff bei der Entspannungsmassage besteht aus langsamen und sanft durchgeführten Hand- und Fingerstreichungen.

Kurzfristige Stresssituationen wie sie nach einer Hängerfahrt oder einem anderen Ereignis, das das Pferd über Maßen aufregt, eintreten, können mit einer Entspannungsmassage gut begegnet werden. Grundsätzlich sehr nervöse und unruhige Pferde lassen sich mit einer Entspannungsmassage beruhigen.

Die Entspannungsmassage kann man im Prinzip jederzeit anwenden, sie ist auch in der Regel Bestandteil weiterführender Massagetechniken. Sie dient außerdem dem Kontaktaufbau zwischen Mensch und Pferd und vertieft die Beziehung zueinander.

Für die Entspannungsmassage führt man langsame Streichungen (Effleurage) am ganzen Körper aus. Der Druck darf nicht zu stark sein, so dass auch sensible Zonen nicht schmerzen und Abwehrreaktionen hervorrufen. Die gesamte Massage dauert etwa 15 bis 20 Minuten. Wenn die Streichungen langsam ausgeführt werden, haben sie eine beruhigende Wirkung, die man bei der Entspannungsmassage erreichen möchte. Arbeitet man schnell, kann man ein Pferd damit aufwecken und anregen. Grundsätzlich gilt für die Entspannungsmassage, dass man ruhig, langsam und sanft behandelt, damit die gewünschte Wirkung erzielt werden kann.

Richtig relaxen

Bei der Entspannungsmassage wird stets langsam und ruhig gearbeitet.

Vorbeugung und Leistungssteigerung

Vor jeder anderen Art spezieller Massage kann die Entspannungsmassage stehen. Eine weiterführende Technik, die das Pferd vor starken Muskelverspannungen bewahrt (weil leichte Verkrampfungen frühzeitig entdeckt und gelöst werden können) und es so fit hält, dass auch Leistungssteigerungen möglich sind, ist die Wartungsmassage.

Mit dieser prophylaktischen Form der Massage lassen sich auch kleinste Verspannungen sowie Gelosen und Trigger Points ausfindig machen.

Gerade für das Sportpferd ist es wichtig, dass vorbeugende Maßnahmen ergriffen werden, um langwierige Muskelverspannungen und -schmerzen erst gar nicht aufkommen zu lassen. Muskelerkrankungen setzen das Pferd außer Gefecht, das Training muss unterbrochen und nach einer mehr oder weniger langen Pause neu aufgebaut werden. Für den Sportreiter bedeutet dies einen schmerzhaften Verlust wertvoller Trainingszeit und Aufbauarbeit.

Den Trainingsausfall hätte man möglicherweise vermeiden können, wenn die Verspannungen frühzeitig erkannt und behandelt worden wären.

In die Wartungsmassage werden nun auch großflächige Knetungen, Walkungen, Schüttelungen und Vibrationen eingebaut, die aber immer wieder von Streichungen unterbrochen werden. Jeder einzelne Muskel wird einer Behandlung unterzogen und sein Zustand überprüft.

Die prophylaktische Massage ist die Basisbehandlung für alle Pferde. Hier kann man auch sehr gut seine Fantasie mit einbringen und sich bei der Behandlung nach den Ansprüchen des Pferdes richten. Die unterschiedlichen Massageformen sind nicht konkret abgrenzbar, weil sich die Techniken stets überschneiden.

Deshalb bestimmt die Zielvorstellung in erster Linie, wie man massiert und welche Technik man anwendet. Somit ist auch die Wartungsmassage

Knetungen können Verspannungen lösen und vorbeugen. Sie werden deshalb überwiegend in der Wartungsmassage eingesetzt.

Jeder einzelne Muskel wird unter die Lupe genommen und durch Knetungen und Walkungen behandelt.

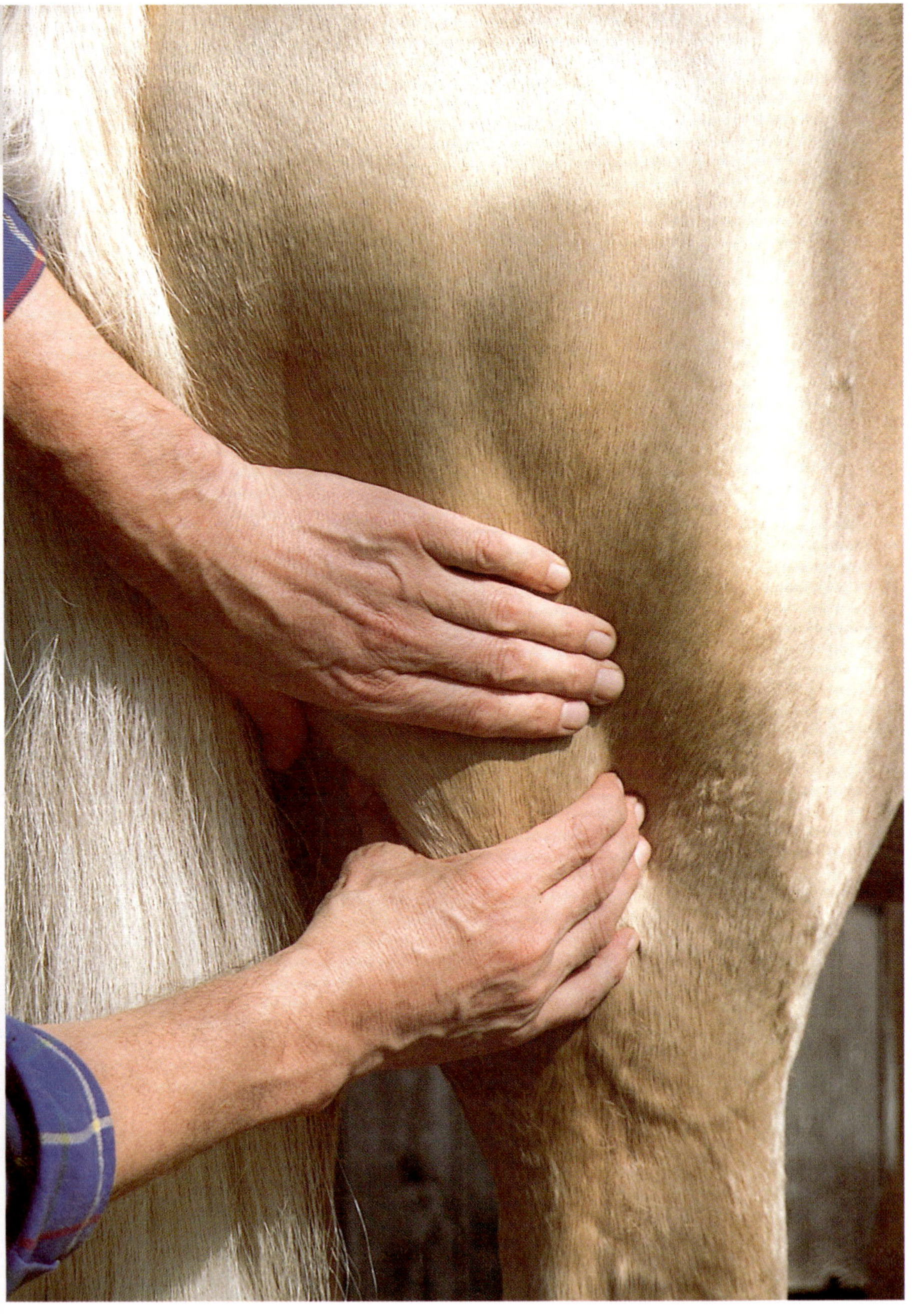

keine feststehende Technik, sondern variiert je nach Bedarf. Ein schlappes, müdes Pferd wird man mit schnelleren Streichungen und deutlicheren Knetungen aufwecken (Tendenz zur lösenden Massage), während man bei einem nervösen und unruhigen Tier mehr sanfte Streichungen anwendet, also mehr zur Entspannungsmassage hin tendiert.

Therapie von Krankheiten und Verletzungen

Fast schon eine Sonderstellung nimmt die gezielte Massagebehandlung bei Verletzungen und Krankheiten ein. Vor einer Behandlung sollte stets der Tierarzt zu Rate gezogen werden, der zunächst einmal für die Diagnose einer Verletzung oder Krankheit zuständig ist.

Nach Diagnosestellung kann ein Therapieplan entwickelt werden, der zum einen aus schulmedizinischen Maßnahmen (die der Tierarzt durchführt) und zum anderen aus physiotherapeutischen Maßnahmen (die man zum Teil eventuell selbst durchführen kann oder von einem ausgebildeten Physiotherapeuten durchführen lässt) besteht. Physiotherapeutische Maßnahmen, zu denen auch Massagen zählen, sollten bei Therapiebehandlungen unbedingt mit dem Tierarzt abgesprochen werden.

Massagen können in der Regel jede Art von Verletzung bei ihrer Regeneration unterstützen, wenn es nur darum geht, die Durchblutung zu steigern, um den Abtransport von Schlackestoffen zu fördern. Trotzdem muss man beachten, dass eine Massage bei bestimmten Situationen auch schaden kann. Kontraindiziert sind Massagen immer bei Entzündungen und akuten Verletzungen, an denen sich Wärme und Schwellungen zeigen. Die verletzten Bereiche werden bei der Massage dann ausgespart (Kontraindikation von Massage siehe auch S. 71f).

Abgesehen von akuten Verletzungen können mit Massage aber sehr gut Verklebungen im Gewebe gelöst werden. Hierzu verwendet man meistens Querfriktionen, Zirkelungen, Knetungen, Anhebungen und Hautrollen. Oft sind Verklebungen die Folge von Verletzungen, so dass die Behandlung hilfreich für die Rehabilitation ist.

Streichungen an den Innenseiten der Beine in Richtung Herzen bringt den Lymphfluss wieder in Gang.

Wenn das Pferd zu angelaufenen Beinen neigt, ist meist das Lymphsystem überfordert. Das Lymphsystem ist dann nicht mehr in der Lage, alle Giftstoffe abzutransportieren, somit kommt es zu Schwellungen an den Beinen.

Dies ist meist eine Folge von Überbeanspruchung. Dicke Beine können aber auch zu langes Stehen (das möglicherweise aufgrund einer Verletzung notwendig geworden ist) als Ursache haben. Weil die Muskeltätigkeit die Lymphflüssigkeit zum Fließen bringt, kommt es zu einem Lymphstau, wenn die Muskeltätigkeit eingeschränkt ist.

Deshalb verschwinden angelaufene Beine nach der Bewegung wieder. Durch Massage kann man die Lymphe ebenfalls wieder zum Fließen bringen. Hierzu wendet man Streichungen an den Innenseiten der Beine an, die entgegen dem Fellstrich durchgeführt werden, da die Lymphe stets von der Peripherie zum Herzen fließt. Auf diese Weise kann man Lymphstaus vorbeugen oder beheben.

Nach Training und Wettkampf

Dass ein gründliches Aufwärmen und Lösen vor dem Training und Wettkampf notwendig ist, akzeptieren die meisten Reiter und bereiten ihr Pferd entsprechend auf die Belastungsphasen vor. Viel zu wenig wird aber der Entmüdung und Abschwitzphase Bedeutung geschenkt.

Nicht wenige Pferde werden kurz nach einem anstrengenden Training oder Wettkampf einfach „abgestellt“. Oft erhalten die Pferde nicht einmal die Zeit, sich im Schritt zu entspannen und ausreichend abzuschwitzen. Die Abkühlung des Körpers und die Normalisierung der Atmung und des Pulses kann (je nach vorangegangener Leistung) bis zu 20 Minuten in Anspruch nehmen.

Das frühzeitige Abstellen des Pferdes kann zu einer Anreicherung der Milchsäure führen, wodurch die Bildung von Myogelosen (Muskelverhärtungen) begünstigt wird.

> *In Bewegung bleiben*
>
> *Eine ungenügend lange Abschwitzphase begünstigt aufgrund von Milchsäureanreicherung Muskelverhärtungen.*

Die Abschwitzphase nach dem Training ist deshalb ebenso wichtig wie die Aufwärmphase davor. Man sollte darauf achten, dass sich die Muskeln lockern und wieder in einen ausgeglichenen Muskeltonus zurückkehren.

Eine spezielle Entmüdungs- und Abschwitzmassage kann dazu beitragen, die Muskeln zu lockern, das Gewebe zu drainieren und die Durchblutung zu steigern. Die Lymphzirkulation wird forciert, wodurch die Gefahr von angelaufenen Beinen aufgrund großer Anstrengung vermindert werden kann.

Durch die Massage kann die Erholungszeit nach einem anstrengenden Wettkampf oder Training verkürzt werden. Somit ist das Pferd schneller wieder zu hohen Leistungen fähig, was insbesondere für Sportpferde von großer Bedeutung ist. Die Entmüdungsmassage ist aber auch für das Freizeitpferd eine erholsame Maßnahme, weil es durch Fehl- und Überlastungen oft zu Verspannungen neigt.

Man darf nun allerdings nicht den Fehler begehen, die Schrittphase während des Abschwitzens zu verkürzen, da man hinterher sowieso eine Massage durchführen möchte. Die Massage findet nach ausreichender

Abschwitzphase sowie Atem- und Pulsberuhigung statt. Sie ist kein Ersatz für die Abschwitzphase unter dem Sattel, sondern eine Ergänzung hierzu!

Die Massage beinhaltet in erster Linie die Drainierung des Gewebes, insbesondere entlang der Lymphbahnen, die hauptsächlich im Bereich der Wirbelsäule und an den Innenseiten der Beine verlaufen. Entlang der Lymphkanäle befinden sich die Lymphknoten, die Giftstoffe ausfiltern. Diese Drüsen sind vermehrt im proximalen Bereich an den Innenseiten der Gliedmaßen zu finden. In diesen Arealen kann man leichte Handstreichungen (in Richtung Herzen) sowie sanfte Vibrationen und Schüttelungen zur Entstauung des Gewebes anwenden. Letztere Massagegriffe eignen sich auch sehr gut, um die Blutzirkulation anzuregen.

Man beginnt in der Nachsorgemassage am besten im Widerrist- und Rückenbereich. Handstreichungen entlang der Wirbelsäule haben eine entstauende Wirkung, Knetungen an den Muskelansätzen und Verwindungen lockern die Muskulatur.

Jetzt nimmt man sich den Brustkorb vor, wobei man entlang der Rippen nach unten ausstreicht. Die Streichungen führt man in Richtung der Lymphknoten zu den Innenseiten der Beine aus. Anschließend bearbeitet man den Brustkorb mit Klatschungen, um eine eventuell angestaute Milchsäure aus den tieferen Muskelschichten abzuleiten. Mit Handstreichungen geht man über die Schulter zur Brust und behandelt ausgiebig mit Streichungen, Knetungen und sanften Schüttelungen.

Um das Gewebe zu drainieren, führt man an allen vier Beinen Handstreichungen vom distalen Bereich nach oben aus und bevorzugt dabei die Innenseite der Beine. Von den Vorderbeinen geht man schließlich mit Handstreichungen zum Hals über. Der Mähnenkamm wird gründlich mit Verwindungen und Muskeldrücken bearbeitet, um die Muskulatur zu lösen. Senkt das Pferd bei der Behandlung den Kopf, arbeitet man in der richtigen Intensität. Die Massage im Genickbereich hat ebenfalls eine lösende Wirkung. Am Kopf lassen sich Unterkiefer, Kehle und Unterhals mit Handstreichungen drainieren. Zum Abschluss massiert man das Pferd mit Handstreichungen über den gesamten Körper.

V

Massagetechniken

Verspannungen aufspüren

Der hauptsächliche Einsatz von Massagebehandlungen dient zur Vorbeugung und Behebung von Verspannungen und Verhärtungen in der Muskulatur. Da sich Verspannungen im Körper fortsetzen, ist es sinnvoll, stets den gesamten Körper einer Massagebehandlung zu unterziehen, trotzdem kann man auch lokale Behandlungen durchführen, bei denen es sich meist um Problemzonen handelt. Diese Problemzonen sind Bereiche, die bei bestimmten Rassen und Einsatzgebieten der Pferde bevorzugt überlastet werden und verspannt sind. (Siehe hierzu auch Kap. VII Problemstellungen, S. 92)

Ungeachtet dessen kann jedes Pferd seine eigenen Problemzonen entwickeln, was in seinem Exterieur, der Arbeitsbeanspruchung und vor allem auch an der Einwirkung seines Reiters liegt. Eine gründliche Untersuchung des gesamten Körpers kann helfen, diese Bereiche aufzuspüren, und durch gezielte Lokalbehandlung verhindern, dass sich Spasmen und Myogelosen festsetzen sowie Verspannungen auf andere Muskelgruppen übertragen.

Erkundende Effleurage

Die Erkundung des Pferdekörpers dient zum Aufspüren von Verspannungen, hilft aber auch, den Kontakt zum Pferd aufzubauen und dessen Vertrauen vor einer Massagebehandlung zu gewinnen. Wenn man sich ein Bild über den Zustand des Pferdekörpers und seiner Muskulatur gemacht hat, lässt sich gezielter behandeln. Dies ist vor allem in der Therapiebehandlung sehr wichtig und um kontraindizierte Massagegriffe in der Wartungsmassage zu vermeiden.

Die erkundende Effleurage besteht in erster Linie aus Handstreichungen. Dabei lassen sich Muskeltonus, Gewebetemperatur und Befinden des Pferdes erkennen. Mit leichten Muskeldrückungen stellt man Spasmen und Myogelosen fest, welche durch dieselbe Behandlung auch gelöst werden können. Handstreichungen dienen

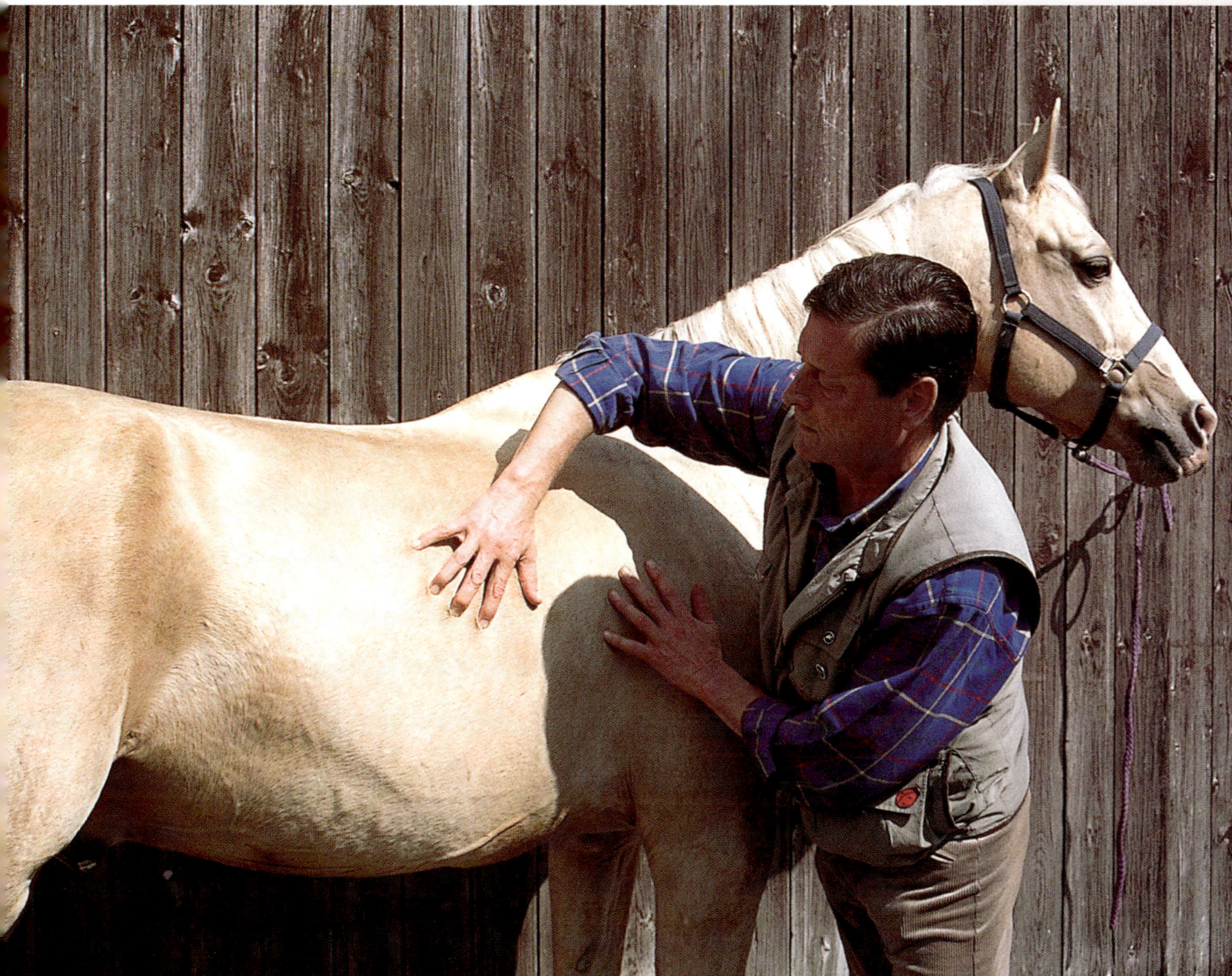

Hand- und Fingerstreichungen geben Aufschluss über Muskeltonus, Temperatur und Befinden des Pferdes.

zugleich der Drainierung des Gewebes, so dass mit diesen Techniken ein fließender Übergang zur Wartungs- oder Entspannungsmassage geschaffen werden kann.

Mit der Effleurage beginnt man grundsätzlich jede Massagebehandlung und schließt sie am besten auch damit ab. Nach jedem Massagegriff oder beim Übergang zu einem anderen Körperteil werden ebenfalls Hand- und Fingerstreichungen eingesetzt. Effleuragen sind demnach das Gerüst einer jeden Massagebehandlung.

Streicheleinheiten

Das Fundament einer jeden Massagebehandlung sind Hand- und Fingerstreichungen, die auch als Übergang zu anderen Bereichen und Techniken angewendet werden.

Bei der Untersuchung des Pferdekörpers auf Verspannungen und Muskelverhärtungen beginnt man am Kopf, setzt die Handstreichungen über den Hals, Rücken, Rumpf und schließlich die Beine fort. Bei jedem Übergang der Muskeln zu Sehnen fügt man sanftes Muskeldrücken mit ein, denn hier sitzen die meisten Muskelverhärtungen. Diese sind als kleine Knötchen, Kügelchen oder als harte Stränge zu spüren.

Eine Verspannung der Schultermuskulatur lässt sich auch mit dem Griff hinter das Schulterblatt feststellen. Da das Schulterblatt und somit die gesamte Vorhand nicht gelenkig, sondern lediglich über sehnige und muskuläre Strukturen mit dem Hauptskelett verbunden ist, lässt sich das Schulterblatt leicht abheben, wenn die Muskulatur locker ist.

Bei einem entspannten Zustand der Muskulatur im Schulterbereich ist es möglich, die gesamte flache Hand hinter das Schulterblatt zu schieben. Bei Verspannungen verschwinden höchstens ein oder zwei Finger der flachen Hand.

Eine zusätzliche Technik zur Überprüfung von Rückenverspannungen ist die Arbeit am Schweif. Lässt sich die Schweifrübe ohne Widerstand nach oben und zur Seite biegen, sind keine extremen Verspannungen der Rückenmuskulatur zu befürchten. Ist es jedoch schwierig, die Schweifrübe zu heben, können erhebliche Verspannungen die Ursache sein.

Die Hebung des Schweifs darf niemals mit Gewalt ausgeführt werden, es soll vielmehr eine ausgiebige Entspannungsmassage – lokal für den Rückenbereich oder allgemein – folgen. In fragwürdigen Fällen ist außerdem grundsätzlich der Tierarzt hinzuzuziehen, da es sich auch um eine schwerwiegende Verletzung handeln kann.

Verschiedene Massagegriffe

Um sich ein Massageprogramm für sein Pferd zusammenstellen zu können, muss man sich einen Überblick über die verschiedenen Handgriffe, deren Anwendung und Wirkung verschaffen. Jeder Griff kann aber – obwohl dieselbe Technik – durch unterschiedliche Druckstärke und Geschwindigkeit bei der Ausführung eine sogar gegensätzliche Wirkung haben.

Über die Wirkung entscheidet auch das Gefühl des Masseurs, der sich zuerst mit der Technik vertraut machen muss, um die Griffe wirkungsvoll einsetzen zu können. Manchmal kann man mit unterschiedlichen Techniken dieselben Ziele erreichen. Wichtig ist es deshalb zu wissen, wozu man eine Technik verwendet, und vor allem, welche Wirkung sie hat.

Nach persönlichem Geschmack, Kraftpotenzial und Geschicklichkeit kann man sich schließlich entscheiden, ob man beispielsweise einen Daumendruck, einen Zweifingerdruck oder die Ellbogentechnik anwenden will. Wer noch keine Erfahrung mit Massage gemacht hat, wird erst nach einiger Übung den richtigen Rhythmus, die erforderliche Druckstärke und die notwendige Geschwindigkeit herausfinden, die aber für den Behandlungserfolg von großer Bedeutung sind.

Finger- und Handstreichungen
Für Hand- und Fingerstreichungen benötigt man wenig Kraftaufwand, da dieser Massagegriff normalerweise von einer leichten Berührung bis zu etwa einem Kilogramm Druck reicht. Für

Fingerstreichungen bestehen aus ziehenden Bewegungen der Fingerkuppen zum eigenen Körper hin. Der Massagegriff wird in Fellstrichrichtung ausgeführt.

eine Tiefenmassage kann der Druck aber bis zu fünf Kilogramm und mehr gesteigert werden. Es ist ratsam, die Druckstärke der eigenen Hand und der Finger anhand einer Küchen- oder Körperwaage zu überprüfen, weil das Empfinden über die aufgewendete Kraft täuschen kann.

Bei den Fingerstreichungen spreizt man die Finger etwas und setzt die Fingerkuppen auf das Pferdefell. Nun arbeitet man in ziehenden Bewegungen (immer zum eigenen Körper hin!) in Fellstrichrichtung am Pferdekörper entlang. Bei Handstreichungen haben Finger und Handfläche ständigen Kontakt zum Pferd. Im Gegensatz zu den Fingerstreichungen schiebt man bei dieser Technik die Hand für gewöhnlich von sich weg, so dass die Finger führen und der Handballen folgt. Streichungen kann man über den gesamten Körper durchführen, wobei man über knochigen Strukturen kaum Druck anwendet, während fleischige Bereiche mehr Kraft vertragen.

Über jede Körperpartie werden die Streichungen etwa zehn bis 20 Mal

Bei Handstreichungen, die ebenfalls in Fellstrichrichtung ausgeführt werden, schiebt man die Hände vom eigenen Körper weg und hält den Kontakt zum Pferd mit Handballen und Fingern.

wiederholt. Bevorzugt arbeitet man dabei mit beiden Händen.

Streichungen wirken im Allgemeinen entspannend, schmerzlindernd und beruhigend. Deshalb sind Hand- und Fingerstreichungen die Hauptgriffe für die Entspannungsmassage. Allerdings müssen sie langsam und gefühlvoll eingesetzt werden. Schnelles Arbeiten hat eine stimulierende Wirkung und weckt das Pferd auf. Diese Technik kann man vor dem Training oder Wettkampf anwenden, um die Durchblutung zu fördern und die Muskeln zu stimulieren. Handstreichungen haben auch einen großen Einfluss auf den Lymphfluss. Man kann sie – langsam ausgeführt – zur Drainierung des Gewebes einsetzen und einen Lymphstau auflösen. Vorbeugend wirken Handstreichungen somit gegen angelaufene Beine.

Finger- und Handstreichungen leiten jede Art von Massage ein, dienen als Übergangsgriffe zu anderen Techniken oder anderen Körperzonen und werden zum Beenden der Massagebehandlung eingesetzt. Außerdem dienen

Effleuragen zum Auffinden von Verspannungen, Spasmen und Myogelosen. Streichungen sind demnach vorbeugende, diagnostische und therapeutische Griffe. Nicht zuletzt dienen Streichungen zur Kontaktaufnahme und zum Vertrauensgewinn des Pferdes. Sie geben dem Pferd ein Gefühl der Geborgenheit und Sicherheit.

Jeder Pferdebesitzer hat – wenn auch unbewusst – schon Streichungen durchgeführt. Beim Putzen des Pferdes streicht man mit dem Striegel oder der Kardätsche über das Pferdefell und erreicht somit eine ähnliche Wirkung wie mit der Hand.

Allerdings hat man mit der Hand mehr Gefühl für die Druckstärke und Einwirkung auf das Pferd. Mit dem Wissen über die Technik, Wirkungsweise und Anwendung eines bestimmten Massagegriffs kann man aber auch die Bürste als Hilfsmittel gezielter einsetzen.

Direkter Druck

Ein direkter Druck auf den Muskel kann mit unterschiedlicher Technik ausgeführt werden. Häufig verwendet man hierfür den Daumen, da man damit sehr kräftig und genau arbeiten kann. Der Daumen eignet sich auch zum Bearbeiten kleiner Bereiche. Möglich ist aber auch ein Fingerdruck. Zur Unterstützung und zu größerer Krafterzeugung verwenden erfahrene Masseure auch den Zweifingerdruck. Dabei setzt man den Mittelfinger am Druckpunkt an und unterstützt diesen mit dem unterlegten Zeigefinger. Der Fingerdruck kann auch mit der zweiten Hand unterstützt werden. Für diese Technik werden die Hände übereinander gelegt, so dass sich die Finger gegenseitig stützen.

Für große Muskelgruppen und zur Arbeit an tieferen Muskelschichten hat sich der Ellbogen zur Ausübung des direkten Drucks bewährt. Der Arm

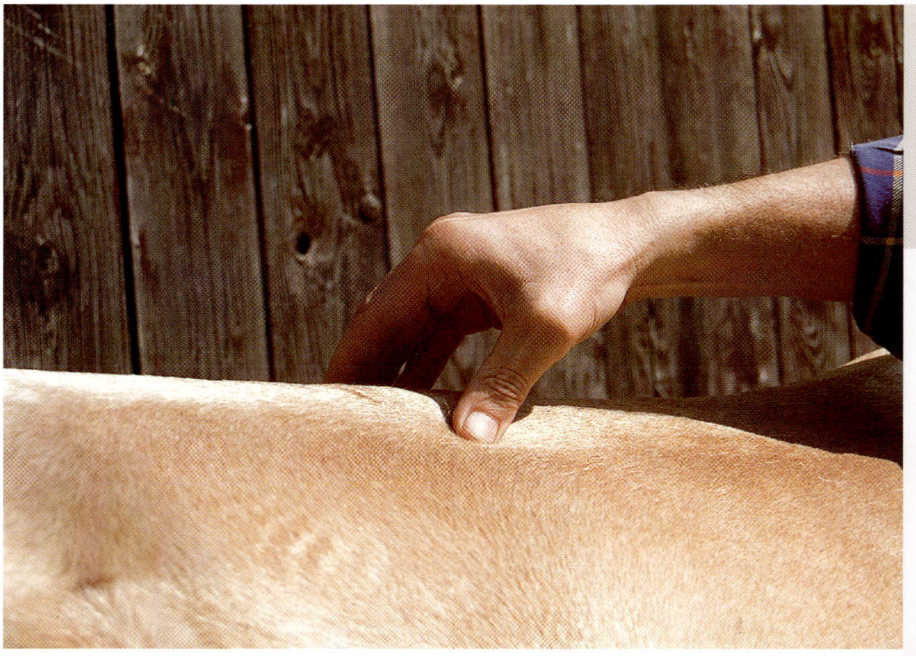

Der direkte Druck mit dem Daumen eignet sich zur Behandlung von kleinen Bereichen und ist die bevorzugte Technik in der Trigger-Punkt-Therapie und Akupressur.

Eine andere Technik, um direkten Druck auf das Gewebe auszuüben, ist der Zweifingerdruck, bei dem der Zeigefinger den Mittelfinger unterstützt.

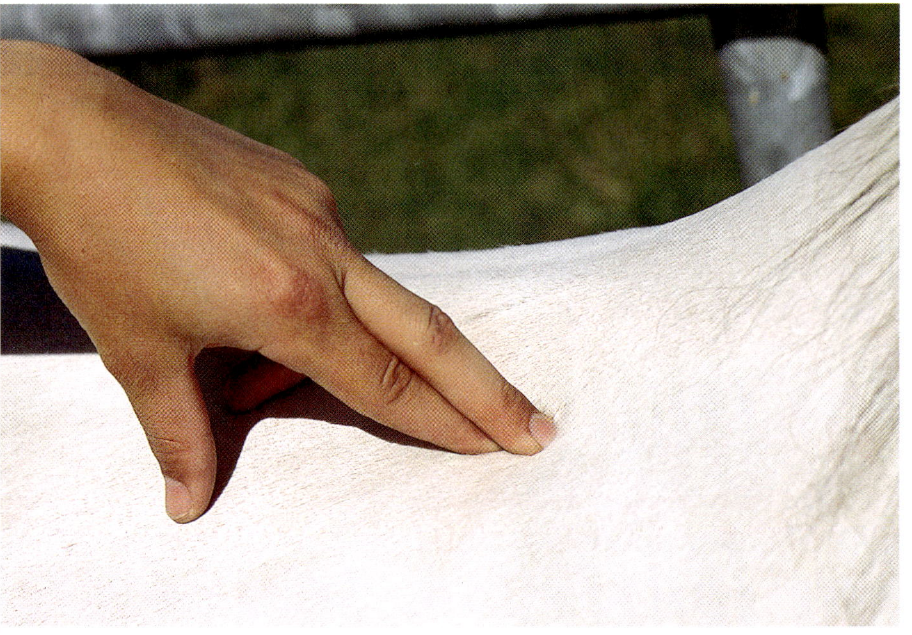

wird abgewinkelt und der Ellbogen auf den zu behandelnden Bereich gesetzt. Mit Hilfe des eigenen Körpergewichts kann man nun sehr großen Druck auf den Muskel ausüben. Man wendet die Ellbogentechnik hauptsächlich im Kruppenbereich an. Der Druck soll langsam gesteigert und etwa 20 bis 60 Sekunden lang gehalten werden. Man erreicht damit eine Entspannung der Muskeln und eine bessere Durchblutung. Außerdem dient der Griff dazu,

Bei Verwendung der zweiten Hand kann der Fingerdruck auch mit der unterstützenden Handfläche erfolgen.

Bei großen Muskelgruppen eignet sich die Ellbogentechnik, um an tieferen Muskelschichten zu arbeiten.

den Spannungszustand des jeweiligen Muskels herauszufinden.

Direkten Druck wendet man in der Trigger-Punkt-Therapie an, um aktive Trigger-Punkte zu lösen. Die Therapie von Trigger-Punkten besteht aber nicht nur aus direktem Druck auf den Punkt, sondern beinhaltet auch noch zusätzlich Querreibe- und Muskelverlängerungstechniken. Außerdem kennt man den direkten Druck in der Akupressurbehandlung, bei der über den Fingerdruck Akupunkturpunkte stimuliert werden.

In der klassischen Massage dient der direkte Druck dazu, das Gewebe zu entstauen sowie Muskelverspannungen und Verklebungen zu lösen. Die Druckstärke ist je nach Muskel und Spannungszustand unterschiedlich, man sollte aber immer versuchen, mit möglichst sanftem Druck zu arbeiten, um nicht noch stärkere Verspannungen heraufzubeschwören.

Von Kompressionen und Knetungen unterscheidet sich der direkte Druck dadurch, dass nicht rhythmisch behandelt wird und kein Gleiten über den Muskel stattfindet.

Das Drücken von Muskeln hat bei langsamer Anwendung ebenfalls eine sehr beruhigende Wirkung auf das Pferd. Energisch ausgeführte Muskeldrückungen in kurzer Abfolge hingegen stimulieren das Pferd. Sie regen den Kreislauf an und wärmen die Muskulatur auf. Die Technik kann deshalb vor dem Training ergänzend zur Aufwärmphase eingesetzt werden.

Den direkten Druck wendet man häufig in der Entspannungsmassage insbesondere am Mähnenkamm des Pferdes an. Die Pferde genießen die Prozedur im Allgemeinen und senken dabei den Kopf. An stark verspannten und empfindlichen Muskelgruppen sollte man aber vorsichtig sein und nur wenig Druck ausüben.

Walkungen und Knetungen

Es gibt wiederum verschiedene Techniken, um Walkungen und Knetungen auszuführen. Sie sind in der Regel abhängig von den jeweiligen Muskeln, die man bearbeiten will. Man greift den Muskel zwischen Daumen und Fingern und übt Druck mit dem Daumen aus, in etwa so, als wolle man einen Teig kneten. Man kann dabei auch die Handballen unterstützend einsetzen. Diese Technik ist insbesondere bei der Bearbeitung des Armkopfmuskels *(M. brachiocephalicus)* und der kaudalen Hinterhandmuskulatur *(M. semimembranosus, M. semitendinosus)* angesagt. In „flachen" Bereichen, wie im Schulter- oder Kruppenbereich, an denen sich die Muskeln kaum abheben lassen, arbeitet man mit flacherer Hand und führt die Knetungen vorzugsweise mit den Daumen aus. Bei dieser Technik lässt sich auch sehr gut das eigene Körpergewicht einsetzen, um größeren Druck auf die Muskeln zu bringen.

Bei der Knetung und Walkung wird der Muskel gegen seine knöcherne Unterlage verschoben und komprimiert. Dabei geht man in rhythmischen, kreisförmigen Bewegungen vor. Je langsamer man die Knetung ausführt, desto entspannender wirkt die Massage. Schnelle Rhythmen mit aggressiveren Knetungen regen den Kreislauf stark an und puschen das Pferd auf.

Die Petrissage (Knetung) ist wie die Streichung ebenfalls ein Basishandgriff, der sehr häufig zur Anwendung kommt. Er ist besonders wirkungsvoll zum Lösen von Verspannungen, Myogelosen und Spasmen sowie zum Auffinden dieser Muskelveränderungen. Die Knetung mobilisiert die Muskulatur, führt sie in eine optimale Grund-

Bei Knetungen wird der Muskel in rhythmischen und kreisförmigen Bewegungen gegen seine knöcherne Unterlage gedrückt und verschoben.

Bei der Kompression wird der Muskel mit Hilfe der Handballen gegen den Knochen gedrückt. Man verwendet den Griff bei großen Muskelgruppen und setzt dazu unterstützend das eigene Körpergewicht ein.

spannung zurück und entstaut außerdem das Gewebe. Auch Verklebungen lassen sich mit der Knetung gut auftrennen.

Die Druckstärke bewegt sich zwischen einem bis zehn Kilogramm. Man beginnt stets mit wenig Druck und steigert diesen im Laufe der Behandlung. Der Kraftaufwand ist auch vom jeweiligen Pferd abhängig. Große und schwere Pferde mit großen Muskelpaketen vertragen mehr Druck als kleine, zierliche Tiere. Wenn Pferde zu dick sind, ist größerer Druck notwendig, um die Fettschicht zu durchdringen und die Muskulatur zu erreichen. Die Massage kann bei dicken Pferden nicht die Wirkung erzielen wie bei normal ernährten.

Kompressionen

Die Kompression ist eine Weiterführung der Knetung und unterscheidet sich von ihr insbesondere darin, dass das Muskelgewebe nicht über die knöcherne Unterlage verschoben, sondern lediglich dagegen komprimiert wird. Außerdem erfolgen diese Kompressionen in rhythmischer Abfolge. Man kann die Kompression mit den Fäusten oder Handballen ausüben. Der Einsatz des Körpergewichts hilft, den notwendigen Druck von zehn bis 15 Kilogramm zu erreichen. Der starke Druck geht auch in die tieferliegenden Muskelschichten und hilft, Schlackestoffe aus den Muskelfasern zu entfernen. Die Technik bringt außerdem frisches Blut in die Muskulatur und sorgt somit für einen aktiven Stoffwechsel. Der Einsatz von Kompressionen erfolgt nur bei großen Muskelgruppen.

Mit der Kompression erzielt man dieselbe Wirkung wie mit der Knetung, also Entspannung, Entstauung, Lösen von Spasmen, Myogelosen und Verklebungen sowie Mobilisation der Muskulatur.

Für die Kompressionen gelten die gleichen Regeln wie für jeden anderen

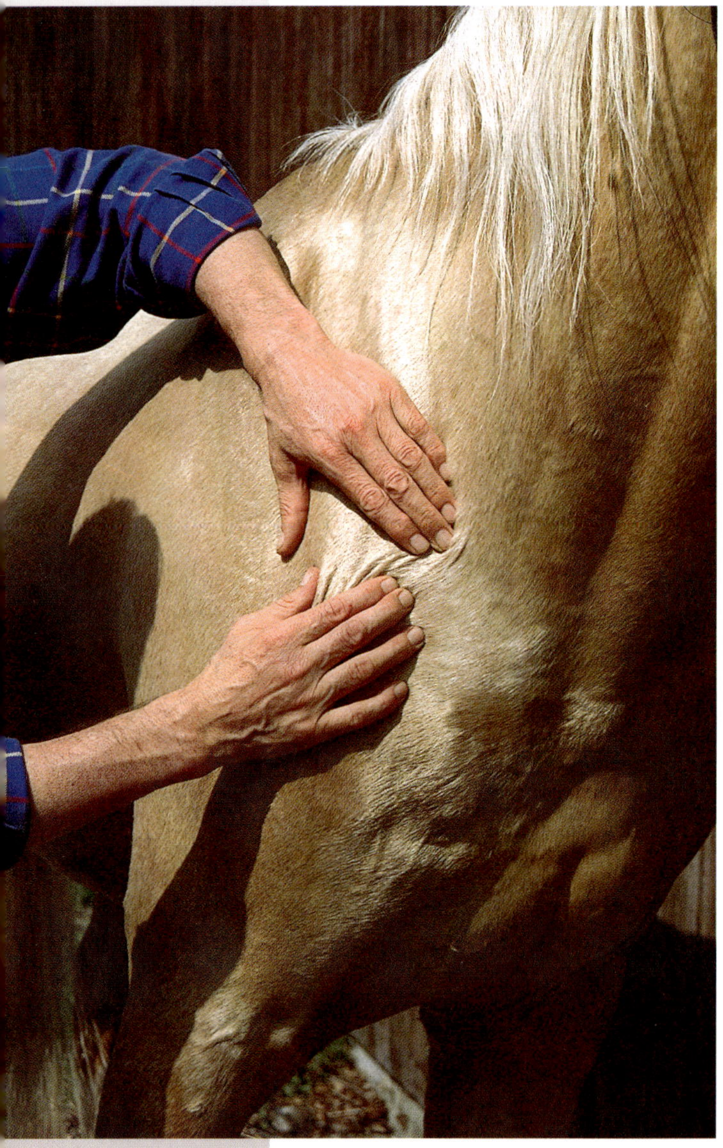

Bei Verwindungen verschiebt man die Handflächen gegeneinander.

Massagegriff: Wird schnell und aggressiv gearbeitet, weckt man das Pferd auf und kann es sogar in einen nahezu nervösen Zustand versetzen. Bei ruhiger, langsamer und sanfter Behandlung wirkt die Prozedur entspannend.

Verwindungen

Ein Massagegriff, der sich sehr gut zum Aufwärmen des Pferdes eignet, ist die Verwindung. Diese Technik wird mit beiden Händen ausgeführt, wobei man die Handflächen auf den Pferdekörper legt und gegeneinander verschiebt. Verwindungen kann man am ganzen Pferdekörper ausführen. Leicht abzuhebende Muskeln kann man regelrecht verwringen, da sie besser greifbar sind. Feinfühliges Arbeiten ist jedoch erforderlich, um die besten Ergebnisse zu erzielen.

Mit Verwindungen kann man eine hervorragende Durchblutung der Muskulatur erreichen. Somit fördert man den Stoffwechsel und kann Verspannungen vorbeugen. Man verwendet mäßigen Druck, den man über knochigen Strukturen verringert. Die Verwindung eignet sich am besten für die Arbeit im Rückenbereich, an der Kruppe und im Schulterbereich. Es ist wichtig, dass man bei diesem Massagegriff einen gleichmäßigen Rhythmus findet, der dem Pferdetyp und der Situation angepasst ist (schnell wirkt stimulierend, langsam wirkt entspannend).

Verwindungen eignen sich für den Abschluss einer lösenden Massage und zu Beginn einer Entmüdungs- oder Abschwitzmassage nach dem Training. Sie leisten aber auch gute Dienste bei der Entspannungs- und Wartungsmassage, wobei man hier einen langsamen und ruhigen Arbeitsrhythmus wählt.

Anheben

Beim Anheben eines Muskels wird dieser entlang seiner Längsfaser verschoben und komprimiert. Man umfasst mit beiden Händen den Muskel, übt mit den Handballen einen Druck darauf aus und hebt den Muskel in Richtung seines Ursprungs so weit wie

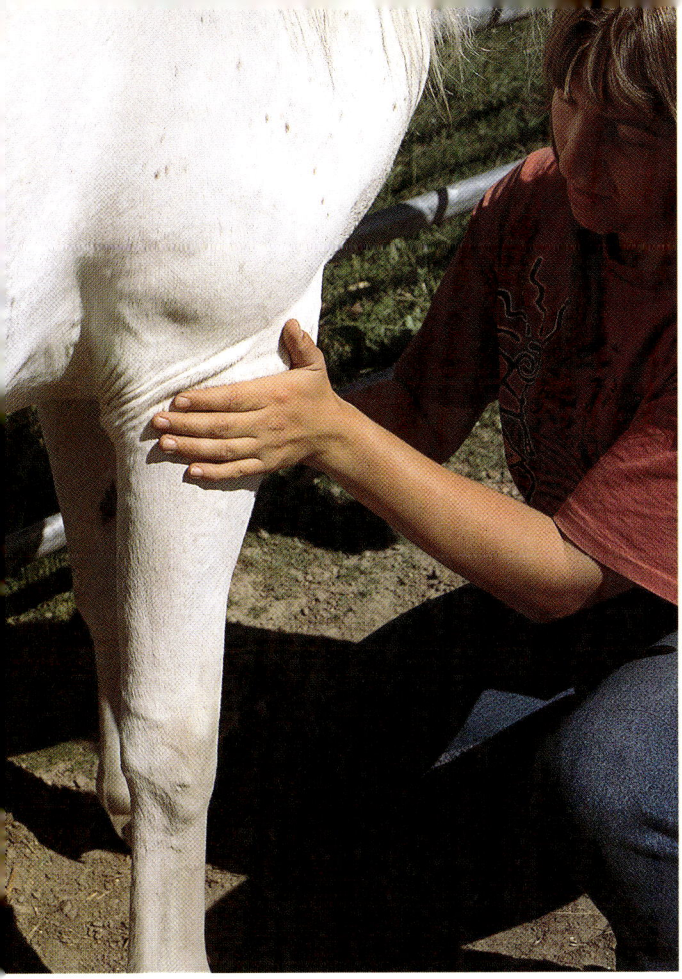

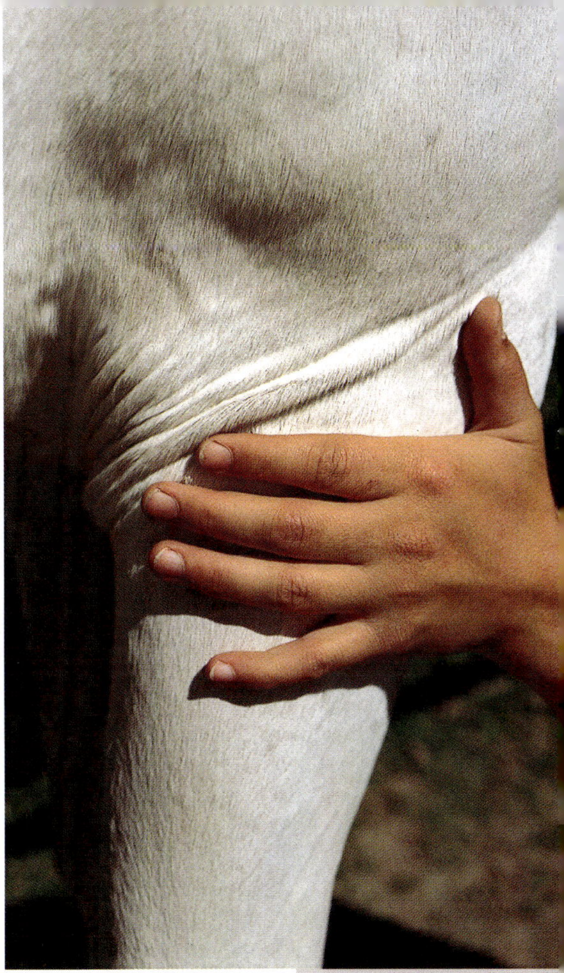

Beim Anheben wird der Muskel entlang seiner Längsfaser verschoben und gegen den Knochen komprimiert.

möglich an. Der Druck wird dabei aufrecht erhalten, in etwa so als würde man eine Tube ausdrücken wollen. Langsam lässt man nun den Muskel wieder in seine ursprüngliche Lage zurückgleiten. Diese Technik wiederholt man fünf bis zehn Mal.

Am besten kann man das Anheben an der Unterarm- und Unterschenkelmuskulatur durchführen, aber auch im oberen Halsbereich. Man erreicht damit eine gute Zirkulation und kann den Muskel in eine optimale Grundspannung bringen. Dieser Massagegriff lässt sich gut in die lösende Massage einbauen, bei der das Pferd auf das Reiten vorbereitet wird. Das Anheben mobilisiert den Muskel und macht ihn einsatzbereit.

Hautrollen

Das Hautrollen ist eine Technik, für die man etwas Übung braucht. Man kann sie auf verschiedene Weise ausführen, die gebräuchlichste ist das Anheben der Haut zwischen den Fingern, wobei der Daumen die Hautfalte nach vorne schiebt. Man verwendet hierzu am besten beide Hände und drückt die Haut zwischen Finger und Daumen zusammen, so dass sich eine Falte bildet.

Während die anderen Finger die Haut zum Daumen ziehen und sie dabei anheben, drückt man mit dem Daumen leicht dagegen. Die so entstandene Falte oder Rolle schiebt sich dabei durch den Daumendruck nach vorne.

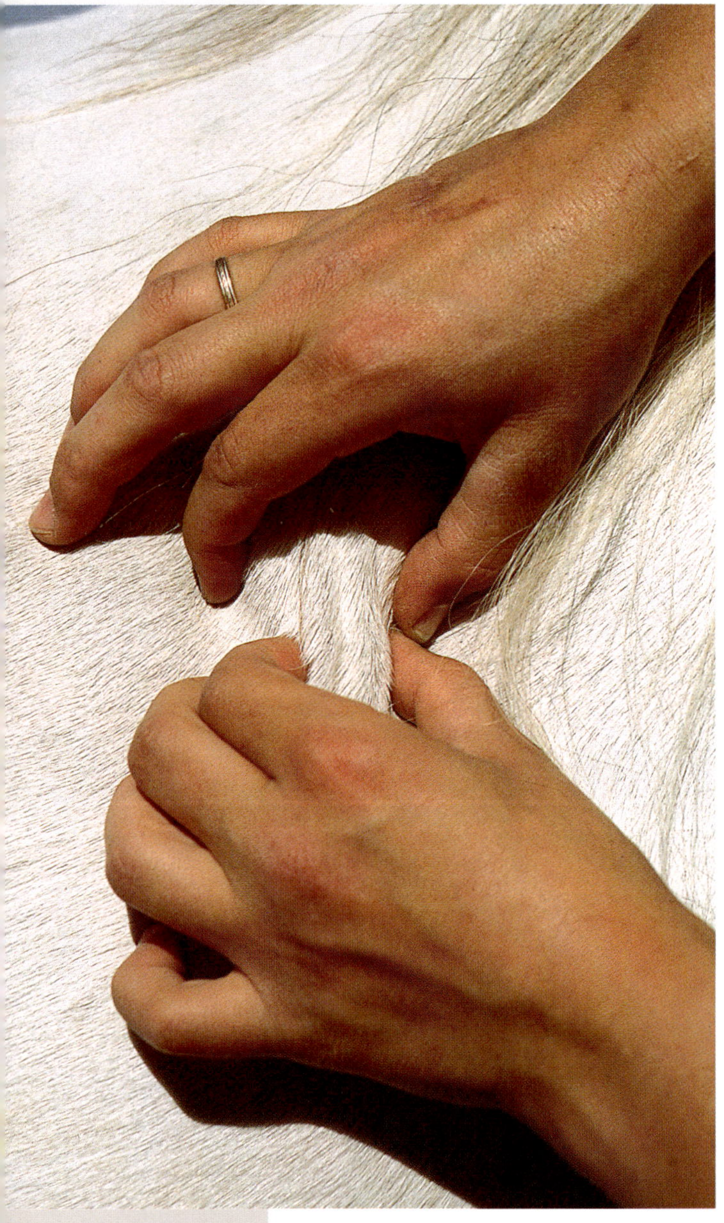

Ein wohltuender Massagegriff ist das Hautrollen, wobei eine Hautfalte zwischen Daumen und Zeigefinger gebildet und in Fellstrichrichtung verschoben wird.

Bei einer anderen Technik legt man beide Hände flach auf den Pferdekörper und schiebt die Handflächen aufeinander zu, dass sich zwischen den Zeigefingern eine Hautfalte bildet. Diese kann man nun beliebig verschieben und erreicht somit denselben Effekt.

Das Hautrollen muss sanft ausgeführt werden und wirkt dann auch sehr wohltuend. Es kann über den gesamten Körper und in jede Richtung angewandt werden, auch über knochige Strukturen (zum Beispiel an den Dornfortsätzen), wenn man vorsichtig ist.

Mit dem Hautrollen erzielt man eine sehr gute Durchblutung und Elastizität der Haut. Es ist eine Technik zur Gesunderhaltung der Haut, wird aber auch eingesetzt, um Verklebungen (zum Beispiel bei Verwachsungen und Narbengewebe nach Verletzungen) zu lösen.

Weil es die Zirkulation fördert, eignet sich das Hautrollen für die lösende Massage vor dem Training, kann aber – langsam und bedächtig ausgeführt – zur Entspannung beitragen.

Schüttelung und Vibration

Vibrationen und Schüttelungen werden mit einer Hand ausgeführt. Es gibt dabei zwei verschiedene Varianten. Die erste Möglichkeit ist, eine Vibration mit der flachen Hand auszuführen. Dabei legt man die Hand mit leichtem Druck auf das Fell des Pferdes und führt schnelle Zitterbewegungen nach links und rechts aus. Der Körperkontakt bleibt erhalten, die Hand rutscht dabei nicht über das Fell, sondern verschiebt die Haut des Pferdes gegenüber den tieferliegenden Strukturen. Man überträgt bei dieser Technik etwa ein Kilogramm Druck auf den Pferdekörper. Je schneller die Vibrationsbewegung ausgeführt wird, desto stärker wirkt die Massage stimulierend.

Die zweite Möglichkeit, eine Schüttelung oder Vibration durchzuführen, ist der Einsatz des Daumens oder des gestützten Fingers. Bei diesem Massagegriff setzt man den jeweiligen Finger an einem bestimmten Punkt an, bringt etwa zwei Kilogramm Druck auf die Region und führt eine punktuelle Schüttelung aus. Diese Technik wendet man insbesondere bei lokalen Muskelkontrakturen an, die mit diesem Griff gut entspannt werden können.

Die Vibrationsmassage mit dem gestützten Finger oder Daumen wird auch zur Stimulation von Akupunkturpunkten eingesetzt. Die Akupunkturpunkte liegen häufig nicht direkt unter der Haut, sondern in tieferen Schichten. Sie können mit dieser Technik gut erreicht werden, da die Massage in die Tiefe wirkt. Außerdem hat die punktuelle Vibrationsmassage – wenn sie sanft und etwas langsamer ausgeführt wird – eine beruhigende Wirkung auf das Nervensystem.

Somit kann man auch tiefere Muskelschichten, die eine Verspannung aufzeigen, mit einer Schüttelung und Vibrationsmassage bearbeiten. Der Griff dient aber auch dazu, das Pferd aufzuwecken und zu stimulieren. Hierzu ist eine aggressivere Arbeitsweise – bevorzugt mit der flachen Hand – erforderlich. Da Schüttelungen durchblutungsfördernd und stimulierend wirken, ist dies ein beliebter Massagegriff für die Behandlung des Pferdes vor dem Training oder Wettkampf.

Schütteln und rütteln

Vibrationen und Schüttelungen sind geeignet, um den Muskeltonus zu erhöhen, das Pferd aufzuwecken und es somit auf das Training oder den Wettkampf vorzubereiten.

Schnelle Zitterbewegungen der Hand verschieben die Haut gegen den Knochen. Die Schüttelung und Vibration stimuliert das Pferd.

Bei der Anwendung der Vibrationsmassage an den Gelenken der Beine (Karpal-, Sprung- und Fesselgelenke) kann man positive Effekte erzielen. Insbesondere auch, wenn die Gelenke arthritische Veränderungen oder rheumatische Zustände aufweisen. Ebenso wirkt die Vibrationsmassage vorbeugend gegen Verklebungen, hauptsächlich bei Narbengewebe.

Querreibungen

Unter der Querreibetechnik versteht man eine punktuelle Verschiebung der Haut quer zur darunter liegenden Muskelfaser. Friktionen werden auch an Bändern und Sehnen angewendet. Man benutzt dazu die Finger oder die Daumenspitze.

Es wird relativ viel Druck auf das Gewebe gebracht (etwa fünf bis zehn Kilogramm), da es sich hier um eine Tiefenmassage handelt. Aufgrund dessen ist es wichtig, dabei vorsichtig zu agieren. Es sollen keine Nerven-

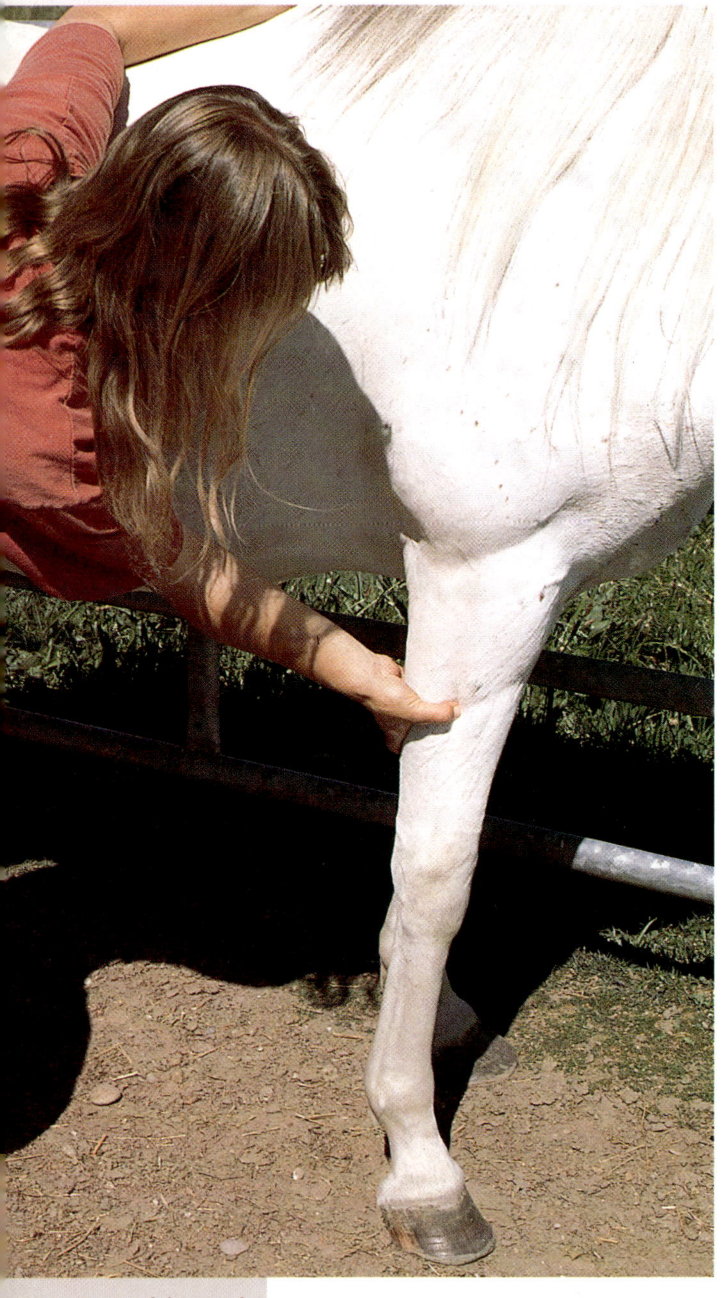

Die Querfriktion wird hauptsächlich in der Sporttherapie angewandt und löst Verklebungen. Die Reibungen werden bevorzugt mit dem Daumen quer zur Muskelfaser durchgeführt.

und Blutgefäße mit einbezogen werden, sondern nur Bereiche der Sehnen, Bänder und Muskeln behandelt werden.

Mit starkem Fingerdruck wird nun die Haut quer zum Faserverlauf hin und her geschoben. Die Prozedur wird etwa 20 Mal wiederholt, dann kehrt man zu einer sanften, oberflächlichen Reibetechnik zurück. Nach etwa 30 Sekunden bearbeitet man wieder die tiefen Schichten mit größerem Druck. Es sollte nur wenige Minuten lang gearbeitet werden, um das Gewebe nicht zu überreizen.

Die Querfriktion ist eine Technik aus der Sporttherapie und dient dazu, Verklebungen und Fibrosen zu lösen. Der Massagegriff darf nicht angewendet werden, wenn der entsprechende Bereich nicht aufgewärmt ist.

Dies kann man durch Verwindungen, Schüttelungen, Knetungen und Handstreichungen erreichen. Wenn man die Querreibemassage übertreibt, können sich Entzündungen bilden, die für das Pferd schließlich sehr schmerzhaft sind. Die Reibungen sollten deshalb nicht länger als höchstens fünf Minuten durchgeführt werden.

Die Friktionsmassage fördert die Blutzirkulation sehr stark, trägt zur Schmerzlinderung bei, entspannt die Muskulatur und löst Verklebungen. Sie dient in erster Linie therapeutischen Zwecken und sollte möglichst mit ausgiebigen Handstreichungen begleitet werden.

Klopfen und Klatschen

Bei diesen Techniken werden mit beiden Händen abwechselnd sanfte Schläge auf den Pferdekörper übertragen. Zur Ausführung dieser Tapotementmassage verwendet man entweder die flache Hand (Klatschung) oder – für die sanftere Version – die hohle Hand (Klopfung). Man klopft abwechselnd im Rhythmus und wendet dabei einen Druck von zwei bis fünf Kilogramm an. Wenn das Pferd unruhig ist (viele Pferde müssen sich erst an diese Art der Behandlung gewöhnen), verringert man den Druck und führt die Massage sanfter und etwas langsamer aus.

Tapotements dürfen nur über großen Muskelgruppen angewendet werden. Knochige Strukturen und sensible Bereiche müssen ausgespart werden, bestenfalls kann man mit sehr wenig Druck vorsichtig arbeiten. Zur Kategorie der Tapotements gehören auch noch Klopfungen mit der Handkante (Hacken) und mit der Faust, welche die Wirkung noch verstärken, aber nur selten ausgeführt werden.

Klopf-, Hack- und Klatschtechniken wirken sehr stark stimulierend und sind deshalb bestens geeignet, ein Pferd für das Training vorzubereiten.

Die Massagegriffe werden hauptsächlich in der Sportmassage eingesetzt. Sie fördern die Durchblutung enorm und steigern den Muskeltonus. Ein müdes, schlappes Pferd kann damit aufgeweckt und auf „Betriebstemperatur“ gebracht werden. Tapotements können gut in die lösende Massage eingebaut werden, weil sie dazu beitragen, das Pferd aufzuwärmen.

Klopfungen mit der Faust sollte man nur anwenden, wenn zuvor schon Klatschungen und Klopfungen mit der flachen oder hohlen Hand durchgeführt worden sind. Die Faustklopfungen wirken sehr stark in die Tiefe und sollten deshalb nur ausnahmsweise und von einem bereits erfahrenen Masseur angewendet werden. Fausttapotements könnten das Pferd ansonsten irritieren oder sogar Muskelverspannungen hervorrufen beziehungsweise schon vorliegende verstärken.

Die Hacktechnik führt man mit den Handkanten aus; sie wirkt stark stimulierend.

Eine andere Technik der Tapotementmassage ist das Klopfen mit hohler Hand.

Grundprinzipien des Massierens

Man muss sich bewusst sein, dass die Massage keine Spielerei oder Beschäftigungstherapie, sondern eine Behandlung des Pferdes darstellt, die bestimmte Wirkungen erzielt. Der Körper des Pferdes reagiert auf die Behandlung – entweder negativ oder positiv.

Die meisten Massagegriffe haben positive Auswirkungen, doch müssen sie stets gezielt eingesetzt werden, um nicht kontraproduktiv zu wirken. Es ist nicht ratsam, eine Entspannungsmassage durchzuführen, nach der das Pferd schläfrig und der Muskeltonus extrem herabgesetzt wird, wenn das Tier danach eine anstrengende Geländeprüfung gehen soll. Die Leistungsfähigkeit wäre vermindert anstatt gesteigert. Eine Steigerung der Leistungsfähigkeit hätte man hingegen mit einer lösenden und stimulierenden Massage erreichen können, die Klopfungen und Schüttelungen enthält.

Es ist deshalb nicht ratsam, irgendwie am Pferd herumzukneten und darauf zu hoffen, dass das Tier mit Wohlwollen reagiert. Um das Wissen der muskulären, sehnigen und knochigen Strukturen des Pferdes sowie der Wirkungen und Ausführung der einzelnen Massagegriffe kommt man nicht herum, wenn man wirksam arbeiten möchte. Hierzu gehören aber auch noch weitere Kriterien, die beachtet werden müssen.

Druckstärke und Geschwindigkeit

Wie eingangs bereits geschildert, hat jedes Pferd ein anderes, subjektives Empfinden, was Berührungen, Druck und andere äußerliche Einwirkungen angeht. Während das eine Pferd zwei Kilogramm Druck auf eine bestimmte Stelle bereits als unangenehm oder gar schmerzhaft empfindet, fühlt sich ein anderes Pferd dabei recht wohl.

So muss man die Massagetechniken auf das jeweilige Empfinden des Pferdes abstimmen. Die empfohlenen Druckstärken können darum nur Richtwerte sein.

Den tatsächlichen Druck, aber auch die Arbeitsgeschwindigkeit bei den einzelnen Massagetechniken, bestimmt das Gefühl des Masseurs. Um dieses Gefühl zu entwickeln, muss man aber die Reaktionen des Pferdes „lesen" können, um dessen Stimmung und Empfinden zu erkennen.

Nicht immer muss ein Pferd gleich einen Seitensprung vollführen, wenn ihm ein Massagegriff unangenehm ist. Viele Pferde ertragen eine unangenehme Behandlung stumm und reagieren „innerlich". Sie werden missmutig, ärgerlich oder verspannen die Muskulatur und „machen sich fest".

Doch genau dies ist ja das Gegenteil von dem, was man mit einer Massagebehandlung erreichen möchte! Deshalb sollte man bei der Wahl über Druckstärke und Geschwindigkeit der Behandlung ein „gutes Händchen" haben.

Viel Übung und Erfahrung helfen, dabei sicherer zu werden.

> *Übung macht den Meister*
>
> *Um eine gute Massagebehandlung durchführen zu können, braucht man viel Übung und Einfühlungsvermögen.*

Wenn sich das Pferd wohl fühlt, kann man die Dauer einer Massage verlängern.

Die Dauer einer Massage

Auch hier gibt es wieder nur Richtlinien, wie lange eine Massage dauern soll. Wenn ein Muskel verspannt ist, kann er sich nach einer halben Minute lösen oder erst nach drei Minuten. Die Massagedauer ist auch davon abhängig, was man mit einer Massage erreichen möchte. Will man nur lokale Bereiche behandeln, kann die Massage nach fünf bis zehn Minuten beendet sein, eine Ganzkörpermassage dauert entsprechend länger.

Die Dauer einer Massage ist auch noch von weiteren Umständen abhängig. Wenn das Pferd zum ersten Mal massiert wird, sollte man die Behandlung nach zehn bis 15 Minuten beenden. Pferde, die es nicht gewöhnt sind, massiert zu werden, könnten unruhig werden. Schließlich kann eine Intensivmassage einen Muskelkater hervorrufen.

Wenn das Pferd signalisiert, dass es sich bei der Massage wohl fühlt, kann man die Behandlung ausdehnen. Nachdem das Pferd schon einige Male massiert worden ist, kann eine Sitzung bis zu einer Stunde und länger dauern. Insbesondere kann man eine Entspannungs-, aber auch die Wartungsmassage auf über eine Stunde ansetzen.

Die Massage zur Entmüdung und zum Abschwitzen nach dem Training oder Wettkampf sollte zwischen 15 und 30 Minuten dauern. Das Pferd kann innerhalb dieser Zeit seine Muskulatur in die Grundspannung zurückbringen und vollständig abkühlen.

Wenn man einen lokalen Bereich behandelt, was meist einen therapeutischen Hintergrund hat, sollte man nach etwa zehn Minuten die Massage beenden – egal, ob das Ziel in dieser Zeit erreicht worden ist. Würde man länger massieren, könnte man das Gewebe überreizen und eventuell vorhandene Entzündungen oder Schäden noch verschlimmern.

Sicherlich ist es auch eine Frage der Zeit, ob man über eine Stunde in die Massage seines Pferdes investieren möchte oder kann. Selbstverständlich kann man eine Wartungs- oder Entspannungsmassage kürzer halten. Allerdings ist der Behandlungserfolg dann nicht immer zu hundert Prozent gegeben. Manchmal kann es bei beschränkter Zeit dann besser sein, man konzentriert sich auf bestimmte Bereiche und bearbeitet diese dafür gründlich als das ganze Pferd nur oberflächlich. Man wird dabei so genannte Problemzonen, an denen das Pferd hauptsächlich Verspannungen und Verhärtungen bildet, bevorzugen und versuchen, diese in die Grundspannung zurückzuführen.

Es ist immer besser, eine gezielte Massage anzusetzen als allgemein zu behandeln. Deshalb ist es ratsam, sich vor einer Sitzung ein Programm zu erstellen, was man mit welcher Technik tun möchte.

Sicherheitsaspekte

Obwohl man dem Pferd mit einer Massage Gutes tun möchte und in der Regel die Entspannung der Muskulatur und das Wohlbefinden des Pferdes im Vordergrund steht, kann ein Pferd auch einmal überempfindlich reagieren und versuchen, der Behandlung reflexartig zu entgehen.

Ausschlagen, Beißen oder Treten sind natürliche Abwehrreaktionen des Pferdes, die bei einer Massagebehandlung durchaus einmal vorkommen können. Darauf muss man immer gefasst sein, wenn man mit Pferden umgeht. Nicht jede Massage ist anfänglich wohltuend. Wenn Myogelosen oder Spasmen vorliegen, sind diese Bereiche schmerzempfindlicher als lockeres, entspanntes Muskelgewebe. Ertastet man diese Zonen, könnte das Pferd aufgrund des plötzlich auftretenden Schmerzes reflexartig abwehrend reagieren. Im schlimmsten Fall muss man einen Tritt oder Biss einstecken, was unter Umständen böse Folgen haben kann.

Deshalb sollte man bei der Behandlung eines Pferdes immer auf der Hut sein und auf Sicherheitsmaßnahmen achten. Diese beginnen schon beim Annähern an das Pferd, das vorzugsweise von seitlich vorne geschieht, damit einen das Tier registrieren kann und nicht erschrickt. Man sollte das Pferd ansprechen und sich seiner Aufmerksamkeit sicher sein. Die Kontaktaufnahme mit der Hand geschieht durch Tätscheln des Halses. Erst dann kann man sich der Region widmen, die man behandeln möchte. Wenn dies ein vom Hals entfernt gelegener Bereich ist, gleitet man mit der Hand über den ganzen Körper entlang, bis man die gewünschte Region erreicht hat. Man hält also ständigen Handkontakt mit dem Pferd.

Des Weiteren muss man sich eine Arbeitstechnik aneignen, mit der man das Sicherheitsrisiko, das im Umgang mit Pferden immer besteht, minimieren kann. Zunächst ist die Auswahl der Umgebung entscheidend. Man sollte nicht in der Stallgasse arbeiten, in der nebenan Schubkarren, Mistgabeln und weitere Stallutensilien abgestellt sind. Daran könnten sich Pferd oder Mensch verletzen, wenn das Tier unruhig wird und zur Seite tritt.

Auch der Arbeitsbereich sollte genügend groß sein, eine Box ist gut geeignet, so lange sie mindestens 15 Quadratmeter misst. Andernfalls muss man sich an einen ruhigen Ort in Auslauf oder Reithalle zurückziehen. Ständige Unruhe im Stall ist genauso ungünstig, man sollte also nicht unbedingt dann ein Pferd massieren, wenn gerade Hochbetrieb ist. Spielende Kinder, ein eingeschaltetes Radio oder herumlaufende Hunde und Katzen können die Massagesitzung stören und im ungünstigsten Fall die Sicherheit des Masseurs gefährden.

Selbst das ideale Umfeld kann unvorhergesehene Abwehrreaktionen, Panik und Erschrecken des Pferdes nicht ausschließen. Darum ist es notwendig, sich stets auf die Arbeit zu konzentrieren und auf plötzliche Reaktionen gefasst zu sein. Der Stand des Masseurs muss außerdem fest und stabil sein. Man arbeitet in Schrittstellung mit gebeugten Knien und hält nach Möglichkeit stets mit beiden Händen Kontakt zum Pferd. Wenn eine Hand für die Behandlung nicht benötigt wird, stützt man sich damit am Hüfthöcker oder an der Schulter des Pferdes ab. Sollte das Pferd plötzlich zur Seite springen, erhält man keinen Schlag, sondern wird quasi weggeschoben, was weit weniger verletzungsträchtig ist.

Empfehlenswert ist, bequeme Kleidung zu tragen, die weder zu eng noch zu weit ist. Unbedingt sollte man auf festes Schuhwerk achten, da es durchaus einmal passieren kann, dass einem das Pferd auf die Zehen tritt.

Kontraindikation von Massage

In bestimmten Fällen ist eine Massage kontraindiziert, das heißt, dass sich eine Massage negativ auf das Pferd auswirkt. Auf eine Massage sollte man sicherheitshalber immer dann verzichten, wenn man sich nicht sicher ist, ob dem Pferd eine Behandlung zum gegebenen Zeitpunkt gut tut. Bei Erkrankungen und Verletzungen ist es immer ratsam, sich zuerst mit dem Tierarzt abzusprechen.

Wenn das Pferd Fieber hat, sollte es nicht massiert werden. Die Normaltemperatur des Pferdes liegt zwischen 37,5 bis 38,2 Grad Celsius. Bei erhöhter Temperatur zirkuliert das Blut sowieso schon stärker, so dass eine Massage das Fieber verschlimmern könnte. Wenn das Pferd Fieber hat, fühlt es sich normalerweise sehr krank, eine Massage wäre ihm sicherlich unangenehm.

Eine weitere Kontraindikation ist eine akute Verletzung oder offene Wunde. Man kann in diesem Fall aber

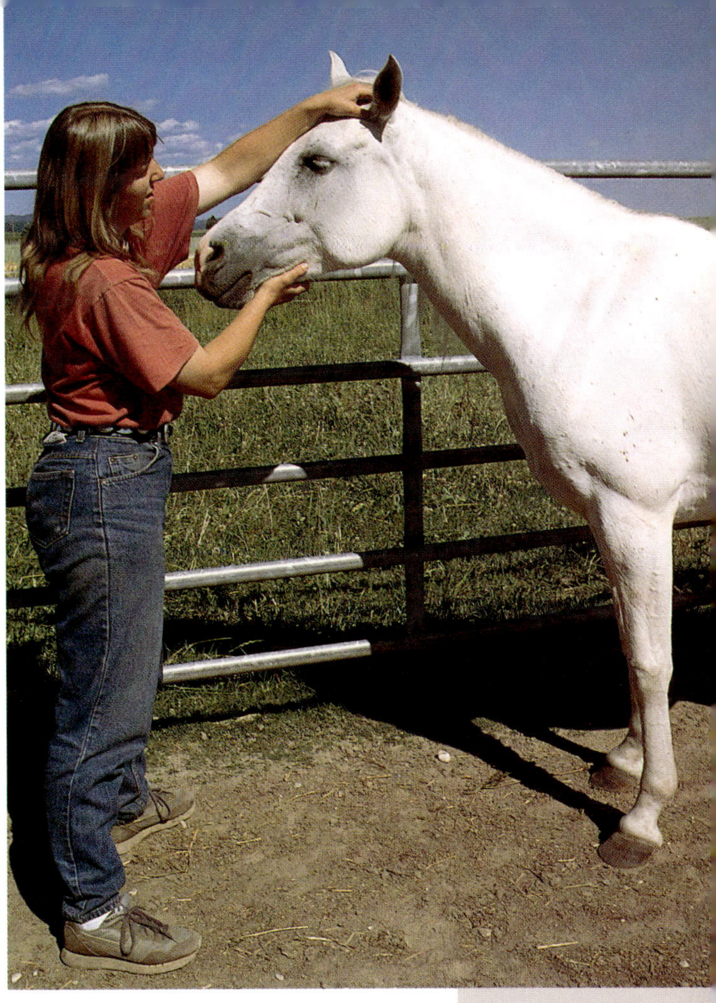

Für die Massage sollte man einen ruhigen, angenehmen Ort wählen, an dem man ungestört und sicher arbeiten kann.

die verletzte Region aussparen und den übrigen Körper behandeln. Vor allem sollte man die Finger von einer Massage lassen, wenn die verletzte Stelle warm und geschwollen ist. Eine Massage an einer solchen Region wäre äußerst schmerzhaft für das Pferd und würde die Verletzung noch verschlimmern. Auch Überdehnungen, Muskelrisse und Verstauchungen sind Verletzungen, bei denen man auf eine Massage verzichten sollte. Jeglicher schmerzhafte Zustand lässt eine Massagebehandlung nicht zu.

Massieren sollte man ebenfalls nicht, wenn das Pferd eine Hautinfektion hat. Dies können offene Scheuerstellen (Ekzem), Pilz- oder Parasitenbefall sein. Bei allen Gesundheitsstörungen, bei denen die Haut gereizt ist, sollte nicht massiert werden. Dies gilt ebenso für Tumore, Krebswucherungen und Zysten. Eine Massage könnte zur Verbreitung dieser Wucherungen beitragen und so das Krankheitsbild verschlimmern.

Immer wenn ein entzündlicher Zustand vermutet wird (warme Stellen), sollte man keine Massagebehandlung durchführen, weil sich die Situation dabei verschlechtern kann. Besser ist es, man arbeitet (nach Tierarztabsprache) mit anderen physiotherapeutischen Mitteln wie beispielsweise Kälteanwendungen.

Bei ansteckenden Krankheiten ist Massage schon aufgrund der Ansteckungsgefahr für andere Pferde kontraindiziert. Häufig werden ansteckende Krankheiten auch von Fieber begleitet (Druse, Pferdegrippe, Lungenentzündung, Herpes und anderes mehr), so dass schon aus diesem Grund nicht massiert werden sollte.

Massage in der Praxis

Bevor man mit der Massagebehandlung beginnt, sollte man sich ein Bild vom Allgemeinzustand des Pferdes machen. Wirkt es möglicherweise krank? Ist es ruhig oder aufgeregt? Hat es eine Verletzung oder ein anderes Problem?

Anschließend macht man sich Gedanken darüber, welche Art von Massage man anwenden möchte. Soll ein etwas aufgeregtes Pferd eine Entspannungsmassage erhalten? Oder will man es für das bevorstehende Training vorbereiten und eine lösende Massage durchführen? Vielleicht liegt auch kein besonderer Grund vor, dann bietet sich eine ausgiebige Wartungsmassage an.

Wenn bei dem Pferd Problemzonen bekannt sind, kann man sein Augenmerk darauf richten und eventuell nur eine Teilmassage an diesen Bereichen durchführen. Man kann diese Bereiche auch nach erfolgter Ganzbehandlung einer zusätzlichen, intensiveren Massage unterziehen.

Das Gefühl des Masseurs wird die Entscheidung über die Massagetechnik, Form, Dauer und Intensität fällen, wobei eine Portion Kreativität nicht schaden kann, solange sie mit gesundem Menschenverstand gepaart ist.

Angewandte Technik

In erster Linie wird die Massageform durch die Druckstärke, den Rhythmus und die Geschwindigkeit bestimmt, erst in zweiter Instanz wird sie von der Art des Massagegriffs beeinflusst.

Die Formen der jeweiligen Körperteile, die man massieren möchte, bestimmen oft die Auswahl des Massagegriffs. Jedoch ist die Wirkung einer Massage nicht immer von der Art des Massagegriffs abhängig. Vielmehr sind dafür hauptsächlich Druckstärke, Rhythmus und Geschwindigkeit verantwortlich. Wichtig ist zu wissen, was man erreichen möchte. Wenn man einen Muskel vor seinem geistigen Auge sehen kann, weiß man, wie man ihn behandeln muss, damit er entweder entspannt oder tonisiert wird. Deshalb ist konzentriertes Arbeiten für eine Massagebehandlung wichtig, um Erfolge zu erzielen.

Die Arbeit an Kopf und Hals

Bei misstrauischen Pferden wird der Gesichtsbereich zunächst ausgespart. Pferde sind im Gesicht sehr empfindlich und versuchen, diesen Bereich zu schützen. Sie lassen sich insbesondere von fremden Menschen meist nicht gerne am Kopf anfassen. Hat man aber eine gute Beziehung zu seinem Pferd, ist es wahrscheinlich an Berührungen am Kopf gewöhnt und hat nichts gegen eine gründliche Behandlung im Gesicht einzuwenden.

Dennoch muss man bei der Bearbeitung des Gesichts sehr sanft vorgehen, da direkt unter der Haut Nerven, Blutgefäße, sensible Reflexpunkte und Knochen sitzen.

Aufgrund der sensiblen Zonen am Kopf kann man sehr gute Entspannungseffekte erreichen, die sich auf den gesamten Körper auswirken. Hierzu kann man nach der Kontaktaufnahme mit dem Pferd zuerst mit sanften und sehr langsamen Handstreichungen an den Ganaschen und über dem Nasenrücken beginnen. Die Arbeit lässt sich mit behutsamen Muskeldrückungen an der Ohrbasis und im Genickbereich

Man beginnt die Arbeit am Kopf mit sanften Streichungen an den Ganaschen.

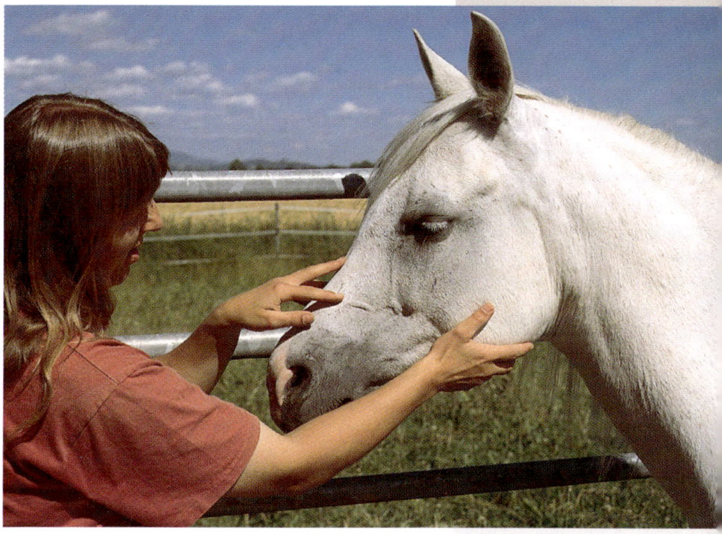

Man setzt die Arbeit fort, indem man Streichungen am Nasenrücken ausführt.

Mit der Massage im Genick und an der Ohrbasis kann man hervorragende Entspannungseffekte erreichen.

Die Araberstute genießt die Genicksmassage sichtlich.

Das sanfte Ausstreichen der Ohren trägt ebenfalls zur Entspannung bei.

fortsetzen. Während man die Handstreichungen auf beiden Seiten gleichzeitig durchführen kann, sollte man bei der Massage im Genick und an der Ohrbasis mit einer Hand den Nasenrücken umfassen, während die andere Hand zunächst auf der einen, dann auf der anderen Seite arbeitet.

Jetzt bieten sich wieder Hand- und Fingerstreichungen im Stirnbereich und zwischen den Augen an. Dort sitzen etwas oberhalb der medialen Augenwinkel so genannte neurovaskuläre Punkte, die bei sehr sanfter Massage die Durchblutung anregen und beruhigend wirken. Dabei wird mit den Fingern lediglich die Haut in kreisförmigen Bewegungen verschoben. Man kann diese Punkte auch nur mit sehr mildem Druck etwa eine halbe bis eine Minute lang halten. Anschließende Fingerstreichungen im Bereich zwischen den Augen drainieren das Pferd.

Jetzt kann man zur Maularbeit übergehen. Die Massage der Oberlippe und des Zahnfleisches wirkt ebenfalls beruhigend auf das Pferd. Es werden bei der Behandlung dieser Region körpereigene Schmerzstiller (Endorphine) ausgeschüttet. Denselben Effekt erzielt eine Nasenbremse. Wenn Pferde die Behandlung am Maul nicht mögen, sollte dieser Bereich ausgespart bleiben.

Man führt die Behandlung an den Backenmuskeln fort, die aufgrund des Fressverhaltens des Pferdes viel Arbeit leisten müssen. Vor allem wenn das Pferd Zahnprobleme hat, findet man hier häufig Verspannungen vor. Nimmt das Pferd beim Reiten das Gebiss nicht an, beißt es sich darauf fest oder stemmt sich dagegen, was häufig bei schlecht gerittenen Pferden (Reiter mit harter Hand) der Fall ist, kann man meist ebenfalls mit Verspannungen in der Masseter-Muskulatur rechnen. Diese lassen sich mit Hand-

und Fingerstreichungen sowie sanften Knetungen lösen. Die Handstreichungen setzt man fort und geht wieder zum Ohren- und Genickbereich über. Wenn das Pferd sich ohne Widerstand an den Ohren anfassen lässt, eignet sich das Ohrenausstreichen zur weiteren Entspannung hervorragend. Dabei nimmt man die gesamte Ohrmuschel in die hohle Hand und streicht mit dem Daumen an der Innenseite des Ohres bis zur Ohrspitze hinauf. Dieses Ausstreichen kann man fünf bis zehn Mal wiederholen. Sollte das Pferd an den Ohren eine Berührungsscheu haben, spart man den Bereich aus.

Nach etwa zehn Minuten ist die Kopfmassage abgeschlossen und man kann mit Handstreichungen über das Genick zum Hals übergehen. Wiederum wendet man zur Lockerung und Entspannung zunächst langsame Streichungen (Effleurage) über den gesamten Halsbereich an. Leichtes Drücken der Genickmuskeln veranlassen das Pferd,

Ist das Pferd entspannt, kann man den Mähnenkamm mit Muskeldrückungen massieren.

Zur weiteren Lockerung zieht man den Armkopfmuskel zu sich heran und drückt gleichzeitig den Mähnenkamm von sich weg.

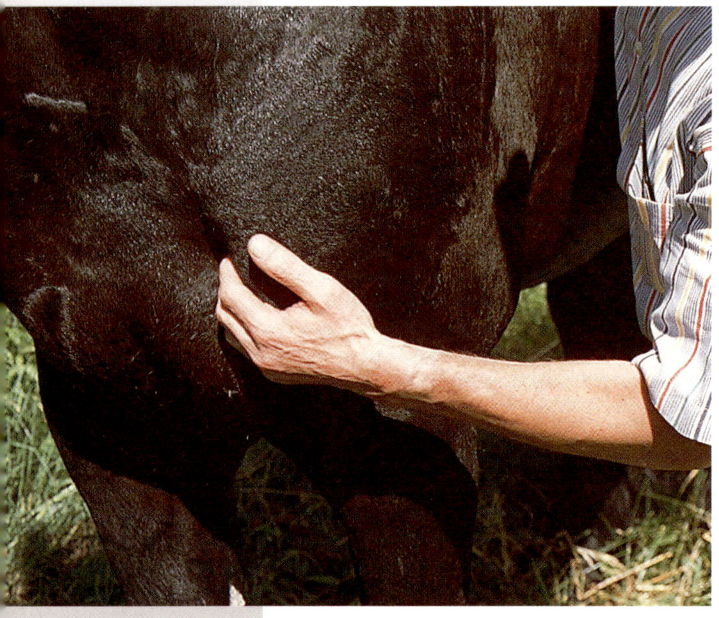

Den Brustbereich kann man prophylaktisch mit Knetungen und Muskeldrückungen behandeln.

Der Griff hinter das Schulterblatt zeigt auf, ob die Schultermuskulatur verspannt ist.

den Kopf tief zu nehmen. Dadurch entspannt es die Hals- und Rückenmuskulatur. Jetzt lässt sich der Mähnenkamm mit wechselnden Muskeldrückungen massieren. Viele Pferde genießen diese Prozedur und halten dabei den Kopf bereitwillig gesenkt. Entlang der Halswirbelsäule führt man sanfte Streichungen in Fellstrichrichtung durch. Jetzt greift man mit einer Hand an die Halsunterseite und zieht den Armkopfmuskel leicht zu sich heran. Am Mähnenkamm drückt man sanft mit der anderen Hand dagegen. So arbeitet man sich auf beiden Seiten den ganzen Hals entlang. Weitläufige Streichungen schließen die Arbeit am Hals ab.

Massage für Brust, Schultern und Vorhand

In fließendem Übergang lassen sich die Streichungen an Brust und Schulter fortsetzen. Der Brustbereich eignet sich sehr gut, um ihn prophylaktisch mit Muskeldrückungen, Knetungen, Kompressionen und Schüttelungen zu behandeln. Vor dem Reiten wendet man bevorzugt sanfte Schüttelungen an und drainiert den Brustbereich mit Handstreichungen nach unten zwischen die Vorderbeine in Richtung Herz. Handstreichungen und Knetungen werden abwechselnd je etwa fünf Mal durchgeführt, bevor man zu ausgiebigen Streichungen im Schulterbereich übergeht.

Eine lockere Schultermuskulatur ist für das Sportpferd sehr wichtig, weil die Vorhand nicht durch Gelenke, sondern über Muskeln und Sehnen mit dem Rumpf verbunden ist. Wenn die Muskulatur (die hauptsächlich hinter dem Schulterblatt ansetzt) verspannt ist, ist die Beweglichkeit des gesamten Vorderbeins eingeschränkt. Darunter leidet die Athletik und die Bewegungsmanier des Pferdes. In fortgeschrittenem Stadium können sich sogar Lahmheiten entwickeln.

Man beginnt die Massage der Schulter mit sanften Daumenknetungen und Verwindungen – immer wieder unterbrochen durch großflächige Handstreichungen. Will man das Pferd für eine Prüfung oder das Training vorbereiten, arbeitet man auch mit ausgiebigen Schüttelungen am Schulterblatt. Nach dem Training eignen sich besser Verwindungen und sanfte Knetungen.

Abschließend widmet man sich der Muskulatur hinter dem Schulterblatt. Hierzu streicht man mit der flachen Hand am vorderen Rand des Schulterblattes von oben nach unten und versucht, die Hand hinters Schulterblatt zu schieben. Bei entspannter Muskulatur kann man die ganze Hand mühelos hinter das Schulterblatt schieben. Ist die Muskulatur fest, bearbeitet man den Bereich mit Streichungen, Drückungen und Kompressionen, bis sich die Muskulatur löst. Wenn man die Hand hinters Schulterblatt schiebt, ist darauf zu achten, dass der Pferdekopf leicht nach innen gestellt ist, um eine Entspannung der Muskulatur zu ermöglichen. Man kann auch den vorderen Rand des Schulterblattes mit beiden Händen greifen und es leicht abheben, um Verspannungen zu lösen.

Mit Streichungen schafft man einen Übergang zu den Vorderbeinen. Die Unterarmmuskulatur kann man gut mit dem C-Griff nach unten ausstreichen. Anschließend wendet man sanfte Muskeldrückungen an, wenn Verspannungen vorliegen. Zur Förderung der Durchblutung eignet sich im Unterarmbereich das Anheben. Mit Verwindungen und Knetungen arbeitet man sich langsam am Bein abwärts. Unterhalb des Karpalgelenks befinden sich keine Muskeln, sondern nun noch Bänder, Sehnen und Knochen. Deshalb muss in diesem Bereich besonders vorsichtig und gefühlvoll gearbeitet werden. Es bieten sich im unteren Beinbereich Streichungen an, die man schließlich vom Fesselbein ausgehend nach oben fortsetzt, um die Beine zu entstauen.

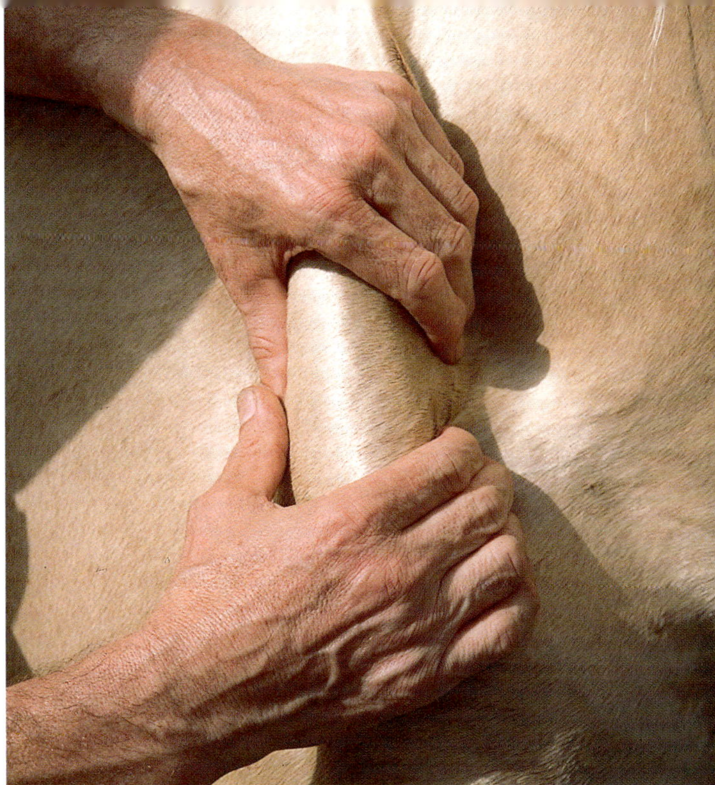

Sanftes Anheben des Schulterblatts löst verspannte Muskeln im Schulterbereich.

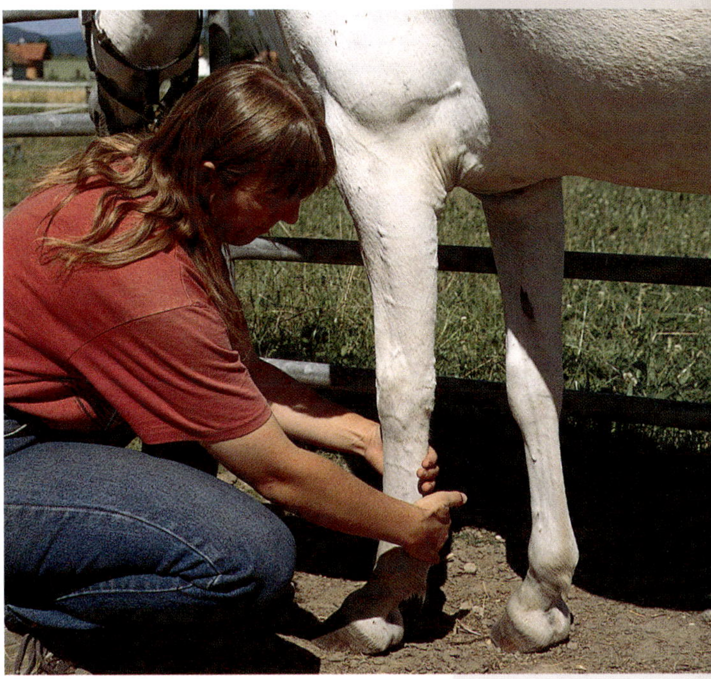

Streichungen an den Innenseiten der Vorderbeine entgegen der Fellstrichrichtung entstauen die Beine.

Um das Pferd für die bevorstehende Arbeit zu lösen, wählt man Verwindungen im Rückenbereich.

Die Drainagestreichungen führt man in erster Linie auf den Innenseiten der Beine durch.

Die Behandlung von Rücken und Rumpf
Über die Schulter erreicht man mit Handstreichungen den Widerrist, an dem man die Rückenbehandlung beginnt. In der Wartungsmassage kann man tiefe Muskelknetungen – unterbrochen von Fingerstreichungen – durchführen, um Verspannungen zu lösen, die in diesem Bereich häufig vorkommen. Diese sind nicht selten durch einen einengenden Sattel bedingt, aber auch die „Ausläufer" von Schulterverspannungen.

Handstreichungen schaffen einen Übergang zum Rücken, den man ebenfalls mit Daumenknetungen bearbeiten kann. Zur lösenden Massage wählt man ausgiebige Verwindungen. Bei den dazwischengestreuten Handstreichungen kann man diese bis über den Brustkorb ausdehnen. Dabei erreicht man eine gute Drainage des gesamten Rippenbereichs. Man sollte aber darauf achten, dass man immer in Richtung Herz drainiert.

Schüttelungen im Rücken- und Rippenbereich wecken das Pferd für das bevorstehende Training auf und fördern die Durchblutung. Ist das Pferd gut aufgewärmt, lassen sich auch Klatschungen und Klopfungen einbauen. Bei allzu entspannten und müden Pferden eignet sich diese Technik auch, um den Muskeltonus zu erhöhen. Anschließende Handstreichungen, die man bei der lösenden Massage schneller durchführt, sind im Anschluss obligatorisch.

Will man das Pferd jedoch entspannen, behandelt man den Widerrist nur sehr sanft mit Knetungen und bringt am Rücken nur langsame Handstreichungen zur Anwendung. Sie können gegebenenfalls mit leichten Verwindungen ergänzt werden. Die Handstreichungen werden großflächig angelegt und ziehen sich über den Brustkorb. Verspannungen in den Zwischen-

Großflächige Handstreichungen am Brustkorb entspannen das Pferd.

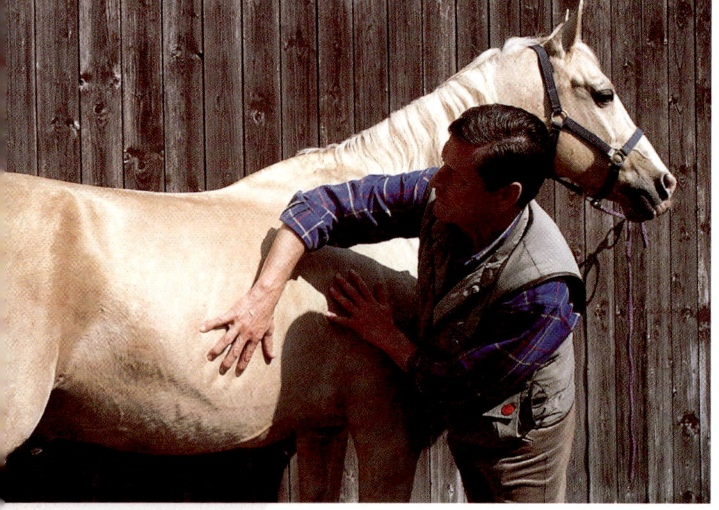

rippenmuskeln lassen sich durch direkten Druck, Knetungen und Vibrationen lösen.

Zur Unterstützung der Durchblutung kann man über große Flächen das Hautrollen anwenden. Diese Technik trägt zur Entspannung bei, kann das Pferd aber durch die Anregung der Blutzirkulation auch auf das Training vorbereiten. Diesen Teil der Behandlung schließen wiederum Handstreichungen ab.

Hinterhandmassage

Über die Kruppe gelangt man mit Streichungen und Knetungen zur Hinterhand. Die großen Muskelpakete der Kruppe können mit tiefen Knetungen, direktem Druck und Kompressionen bearbeitet werden. Hier ist die Ellbogentechnik willkommen, durch die man mehr Kraft auf die muskulösen Strukturen übertragen kann, so dass ein effektiveres Ergebnis erzielt werden kann. Verspannungen können gelöst werden und frisches Blut wird in die Muskulatur gepumpt.

Mit beiden Händen umschließt man nun den Hüfthöcker und massiert um den knöchernen Vorsprung herum. An den Sehnenansätzen können einige Pferde empfindlich reagieren. Sie quittieren einen zu starken Druck nicht selten mit einem abwehrenden Schlag mit der Hinterhand. Also Vorsicht in diesem Bereich! Vom Hüfthöcker aus abwärts wählt man den C-Griff für die Ausstreichungen am Knie. Auch hier muss man auf der Innenseite der Beine wieder Vorsicht walten lassen, da viele Pferde dort empfindlich reagieren.

Die langen und kräftigen Hinterhandmuskeln *(M. semitendinosus, M. semimembranosus)* bearbeitet man mit

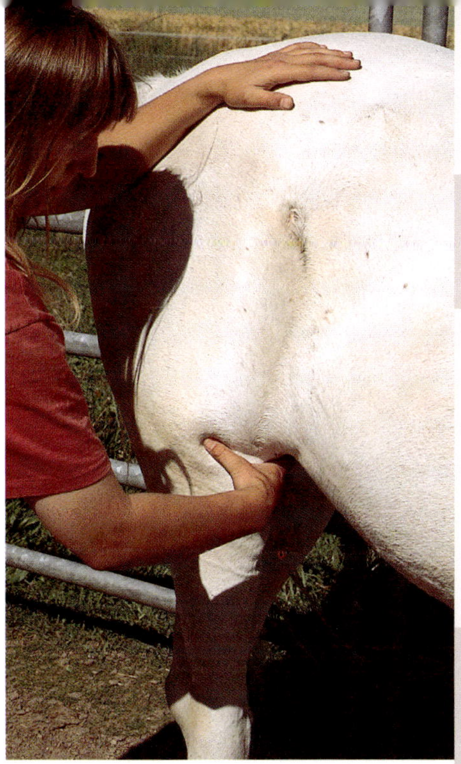

Mit dem C-Griff führt man Ausstreichungen am Knie durch.

Die langen Hinterhandmuskeln bearbeitet man mit intensiven Muskeldrückungen, um Verspannungen und Spasmen zu lösen.

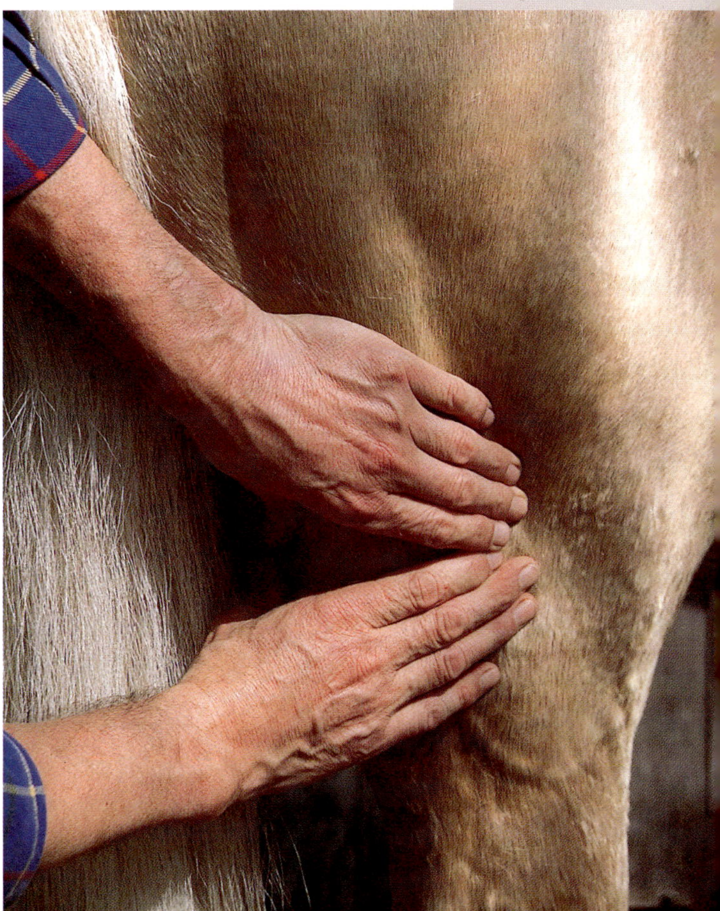

Bei Spring- und Westernpferden sind die Hinterhandmuskeln häufig verspannt und verdienen deshalb besondere Aufmerksamkeit bei der Massage.

Muskeldrückungen, um Verspannungen und Spasmen zu lösen. Diese Muskelgruppe ist häufig bei Spring- und Westernpferden verspannt. Für die Wettkampfvorbereitung werden diese Muskeln mit Kompressionen, Verwindungen und Schüttelungen in einen optimalen Spannungszustand versetzt und aufgewärmt. Schritt für Schritt arbeitet man sich von oben nach unten bis zum Sprunggelenk hinab. An den Unterschenkeln bieten sich Massagegriffe wie Anheben, Verwindungen, Knetungen und Kompressionen an.

Mit den Hinterbeinen verfährt man genauso wie mit den vorderen Gliedmaßen. Zunächst massiert man von oben nach unten und geht ab dem Sprunggelenk in Hand- und Fingerstreichungen über, die schließlich nach oben fortgesetzt werden, um die Beine zu drainieren.

Techniken für den Schweif

Die Arbeit am Schweif kann hervorragend in die Entspannungsmassage mit eingebaut werden. Insbesondere wirkt sich die Schweifarbeit positiv auf den Rücken und die Hinterhandmuskeln aus. Über die Massagebehandlung an der Hinterhand gelangt man zum Schweif, den man nun knapp unterhalb des Schweifansatzes greift. Aus Sicherheitsgründen sollte man sich nicht direkt hinter das Pferd stellen, sondern man bleibt neben der Hinterhand stehen. Jetzt kippt man den Schweif vorsichtig nach oben. Wenn das Pferd locker ist, lässt sich die Schweifrübe kerzengerade nach oben stellen. Spürt man einen Widerstand, sollte man die Bewegung nicht erzwingen, sondern zunächst wieder nachgeben und nach weiteren Entspannungsmaßnahmen nochmals versuchen, den Schweif anzuheben.

Ist der Schweif leicht hochzuklappen, kippt man ihn jetzt nach links und schließlich nach rechts zur Seite. Anschließend kann man ihn auch im Kreis, einmal mit und einmal gegen den Uhrzeigersinn, drehen. Erkennt man irgendwelche Bewegungsein-

schränkungen, deuten diese auf Verspannungen im Rücken oder in der Hinterhand hin. Ist der Schweif nicht zufrieden stellend beweglich, stellt man sich nun in genügendem Abstand hinter das Pferd, greift die Schweifrübe und beginnt langsam, daran zu ziehen. Die Schweifwirbel werden dabei sanft auseinander gezogen und die Muskulatur gedehnt. In der Regel stemmt sich das Pferd zum Ausgleich dagegen. Auf diese Weise kann man eine hervorragende Dehnung der Oberlinie erreichen.

Man kann sich ruhig mit seinem gesamten Gewicht an den Schweif hängen, vorausgesetzt man beginnt langsam zu ziehen und gibt ebenso langsam wieder nach. Oft reicht das eigene Körpergewicht gar nicht aus, um eine optimale Dehnung zu erreichen. Das Gewicht von zwei oder drei Personen ist für ein Pferd kein Problem. Viele Pferde genießen die Schweifdehnung und lassen dabei den Kopf fallen. Nach etwa 20 bis 30 Sekunden lässt man langsam wieder nach, führt einige Handstreichungen über den gesamten Körper durch und geht nochmals zur Schweifdehnung zurück. Anschließend bieten sich einige Muskeldrückungen an den knöchernen Schweifrudimenten an sowie nochmaliges Heben und Kreisen des Schweifes.

Zum Abschluss der Massagebehandlung geht man zu ausgiebigen Handstreichungen über und überprüft gegebenenfalls per Muskeldrückungen und –knetungen nochmals das Behandlungsergebnis, bevor man endgültig mit sanften Streichungen abschließt.

Der Schweif wird vorsichtig nach oben und zur Seite genommen, um festzustellen, wie beweglich er ist.

Den Zug am Schweif baut man langsam auf, kann aber ruhig sein ganzes Körpergewicht einsetzen, um eine Dehnung herbeizuführen.

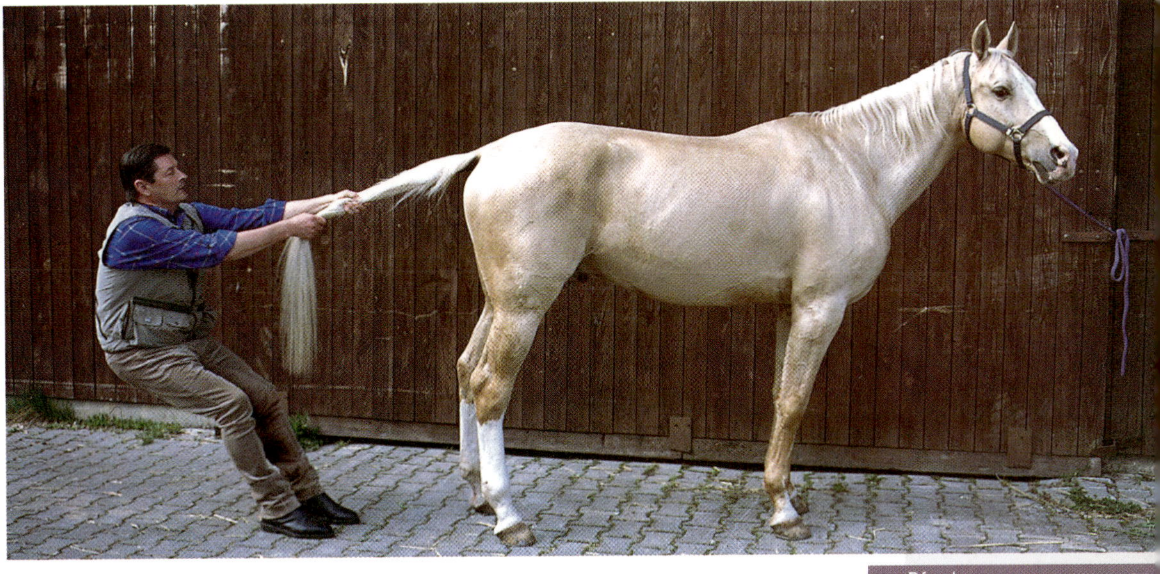

VI

Dehnübungen

Wirkungsweise und Ziel von Dehnübungen

Dehnübungen sind eine hervorragende Ergänzung zur Massagebehandlung und tragen zur Entspannung des Pferdes bei. Sie steigern die Durchblutung, verbessern die Beweglichkeit und Elastizität von Bändern, Sehnen und Muskeln, fördern die Koordination und die Flexibilität der Gelenke. Die Verletzungswahrscheinlichkeit von Muskeln, Sehnen und Bändern kann außerdem reduziert werden.

Am besten schließt man die Dehnübungen an die Massagebehandlung an oder führt sie nach dem Training aus. Wichtig ist, dass das Pferd aufgewärmt ist, was durch eine tonisierende Massage oder durch vorheriges Reiten gegeben ist. Wird ein Pferd in kaltem Zustand gedehnt, riskiert man Verletzungen wie Zerrungen und Muskelrisse. Ist das Pferd durch eine lösende Massagebehandlung aufgewärmt, können Dehnübungen auch eine gute Vorbereitung für eine Turnierprüfung darstellen. Nach einer Trainingseinheit erfüllen Massage und Dehnübungen schon einen positiven Effekt für das nächste Training. Um eine Trainingseinheit zu optimieren oder die bestmöglichen Voraussetzungen für eine Turnierprüfung zu schaffen, ist die ideale Abfolge, zunächst eine lösende Massage durchzuführen, das Pferd an der Longe oder unter dem Reiter leicht aufzuwärmen und schließlich die Dehnübungen durchzuführen, bevor die eigentliche Trainingseinheit oder die Prüfung beginnt.

Dehnungen gehören in das Trainingsprogramm eines jeden Sportlers und werden hauptsächlich in die Aufwärmphase mit eingebaut beziehungsweise unmittelbar danach durchgeführt. Diese bewährte Trainingstechnik, die sich durch viele Sportarten zieht, sollte man auch für seinen Athleten Pferd nutzen.

Dehnungen steigern die Leistungsfähigkeit, weil sie nicht nur das Verletzungsrisiko minimieren, sondern die Muskulatur in einen leistungsfähigen Zustand versetzen. Ein Muskel ist immer auch von seinem Gegenspieler, dem Antagonisten, abhängig. Der Agonist kann sich nur so weit zusammenziehen, wie sich sein Gegenspieler dehnen lässt. Die Stärke eines Muskels ist also für die Leistungsfähigkeit nicht allein entscheidend, der Muskel muss auch eine gute Dehnfähigkeit besitzen.

> *Leistungsfähigkeit der Muskulatur*
>
> *Je dehnfähiger ein Muskel ist, desto besser kann dessen Gegenspieler kontrahieren. Dehnfähigkeit und Stärke eines Muskels sind zwei gleich wichtige Komponenten für die Leistungsfähigkeit der Muskulatur.*

Passive und aktive Dehnungen

Man unterscheidet zwei verschiedene Formen von Dehnungen, die aktive und die passive. Bei der aktiven Dehnung kontrahiert ein Muskel, um den Gegenspieler zu dehnen.

Bei der passiven Dehnung wird die Kraft von äußeren Einflüssen aufgebracht, wobei der Agonist locker bleibt. Die äußere Kraft übernimmt der Mensch im Fall der passiven Dehnübungen fürs Pferd. Diese „äußere Kraft" kann aber auch von anderen Muskelgruppen aufgebracht werden, beispielsweise wenn man mit den Händen an seinen Zehen zieht, um die Wadenmuskulatur zu dehnen. Dem Pferd kann man leider nicht begreiflich machen, wie es passive Dehnungen selbst ausführen kann, deshalb muss der Mensch zupacken.

Auch von aktiven Dehnungen kann das Pferd nicht immer überzeugt werden, weil es ja den Sinn nicht begreifen kann. Hier kann man sich aber häufig mit Leckerlis behelfen.

Passive Dehnungen sind effektiver als aktive, denn bei einer willentlichen Kontraktion des Agonisten wird der Antagonist (aktive Dehnung) nicht bis zu seiner maximalen Dehnfähigkeit gedehnt. Außerdem ist die Entspannung aufgrund fehlender Kontraktion bei den passiven Dehnungen wirkungsvoller.

Allerdings sind die passiven Dehnungsübungen gefährlicher, wenn sie nicht vorsichtig und gefühlvoll durchgeführt werden. Der Grund liegt darin, dass jeder Muskel so genannte Rezeptoren (Muskelspindeln) besitzt, die die Länge des Muskels registrieren und überwachen. Läuft ein Muskel Gefahr, zu lang (also überdehnt) zu werden, sorgt ein Reflex für eine blitzschnelle Kontraktion des Muskels, um Überdehnungen zu vermeiden.

Dieser Schutzreflex ist bei passiven Dehnungen nicht oder nur eingeschränkt aktiv, da der Reflex auch nur anspringt, wenn die Überdehnung rasch vonstatten geht. Darum lassen sich einerseits die Muskeln besser passiv dehnen, andererseits besteht aber auch eine größere Gefahr des Überdehnens.

Die in der Massage bereits routinierten Pferdebesitzer kennen den Aufbau und die Biomechanik des Pferdekörpers und haben schon ein gutes Gefühl für die Strukturen des Pferdes entwickelt. Sie können sich deshalb nun schon an die passiven Dehnübungen wagen. Den noch unerfahrenen Pferdebesitzern seien vorerst nur die aktiven Dehnübungen (bei denen man in der Regel mit Leckerlis arbeitet) empfohlen.

Es wird so lange gedehnt, bis der Widerstand nachlässt, was nach etwa zehn bis 30 Sekunden der Fall ist.

Die Technik des Dehnens

Eine Dehnübung ist nur effektiv, wenn sie über mindestens zehn Sekunden durchgeführt wird. Diese Zeit ist bei der aktiven Dehnung nicht immer einzuhalten, weil das Pferd in der Zwischenzeit das Leckerli erhascht hat und keinen Grund mehr für die Übung sieht oder weil der Vierbeiner frühzeitig aufgibt, nach der Leckerei zu haschen, wenn man ihm damit vor der Nase herumfuchtelt. Schon allein aus diesem Grund sind passive Dehnungen effektiver.

Bei der passiven Dehnung streckt man beispielsweise eine Gliedmaße, bis ein Widerstand zu spüren ist. Diese Position wird so lange aufrechterhalten, bis der Widerstand nachlässt. Dies dauert für gewöhnlich zwischen zehn und 30 Sekunden. Jetzt dehnt man den Muskel noch etwas weiter, bis der Widerstand wieder zu spüren ist. Nochmals wird der Muskel für zehn bis 30 Sekunden gedehnt gehalten. Dann löst man die Dehnung und wiederholt die Übung etwa drei bis vier Mal.

Die Dehnung des Muskels darf niemals abrupt erfolgen. Dies könnte eine Überdehnung zur Folge haben. Man darf nicht wippen oder federn, weil die maximale Dehnung nicht erfühlt werden kann und sich daraus eine Verletzungsgefährdung (Zerrung oder Ähnliches) ergibt. Federn und Wippen würden außerdem den Kontraktionsreflex des gedehnten Muskels auslösen. Somit wäre der Sinn der Übung verfehlt.

Sollte das Pferd die Dehnübungen – obwohl sorgfältig ausgeführt – nicht dulden, entweder unruhig werden oder das Bein wegziehen, verringert man zunächst die Dehnkapazität. Möglicherweise hat das Pferd noch nicht das notwendige Vertrauen, die Muskulatur locker zu lassen. Vielleicht sind auch Verspannungen und Verkrampfungen daran schuld, dass das Pferd bei den Dehnübungen Schmerzen verspürt und sich deshalb wehrt. Mit einem nervösen Pferd lassen sich keine effektiven Dehnübungen durchführen. Ein solches Tier sollte zuvor eine Massage erhalten, bis die notwendige Entspannung erreicht und das Vertrauen aufgebaut worden ist.

Dehnübungen in der Praxis

Selbstverständlich darf man nur mit gesunden Pferden Dehnübungen durchführen, da ansonsten eventuell vorhandene Verletzungen verschlimmert werden könnten. Kontraindiziert sind Dehnübungen auch bei Fieber,

Entzündungen, offenen Wunden und allen Gründen, bei denen auch eine Massage nicht angezeigt ist.

Pferde haben große, massige Körper mit relativ schweren Gliedmaßen. Will man diese bewegen und dehnen, ist ein gewisser Kraftaufwand notwendig. Man sollte deshalb immer auf eine körperschonende Technik achten, um nicht selbst Verletzungen davonzutragen. Das Aufheben und Halten eines Beins geschieht mit geradem Rücken und unter Einsatz der Oberschenkelmuskulatur. Hierdurch werden die Bandscheiben geschont. Oft lässt sich auch das eigene Körpergewicht als Kraftquelle einsetzen. Bei allem Engagement muss man aber auch bei den Dehnübungen damit rechnen, dass sich das Pferd wehren könnte – sei es nur, dass es vor einer um die Ecke huschenden Katze erschrickt und reflexartig zur Seite springt oder das Bein wegzieht.

Unfälle können auch vermieden werden, wenn man sich entsprechend kleidet (feste Schuhe, weder zu weite noch zu enge Kleidung) und die Übungen an einem ruhigen Ort durchführt.

Die Halsdehnung

Die Flexibilität der Halsmuskulatur ist für den Reiter von großer Bedeutung. Eine gute Dehnfähigkeit der Halsmuskeln erhöht die Athletik, Geschicklichkeit und Balancesicherheit des Pferdes. Die Steifheit oder Flexibilität des Halses beeinflusst auch den Zustand des restlichen Körpers.

Zur Dehnung der Genickmuskulatur umfasst man die Nase des Pferdes mit einer Hand, während man wie beim Aufhalftern neben dem Pferdekopf steht. Bringt man leichten Druck auf die Nase, gibt das Pferd im Genick nach – wie es ein gut ausgebildetes Pferd auch beim Annehmen des Zügels tun würde. Das Ausmaß des Nachgebens bestimmt nicht nur die Dehnfähigkeit der Genickmuskeln, sondern auch die Ganaschenfreiheit. Bringt das Pferd den Kopf in die Senkrechte, darf man zufrieden sein. Da viele Pferde bei dieser Übung nach rückwärts ausweichen wollen, bietet es sich an, das Pferd hierzu mit der Hinterhand in eine Ecke oder gegen eine Wand zu stellen.

Eine Dehnung der gesamten oberen Halsmuskeln erreicht man mit einer aktiven Dehnung, wobei das Pferd die Nase bis zur Brust nehmen soll. Die Übung ist aktiv (mit Hilfe einer Belohnung) einfacher auszuführen.

Die Gegenübung zu dieser Halsflexion ist die Extension, also die Streckung des Halses nach oben. Die Übung kann

Die Halsstreckung nach oben entspannt die Nackenmuskeln und dehnt in erster Linie den Armkopfmuskel.

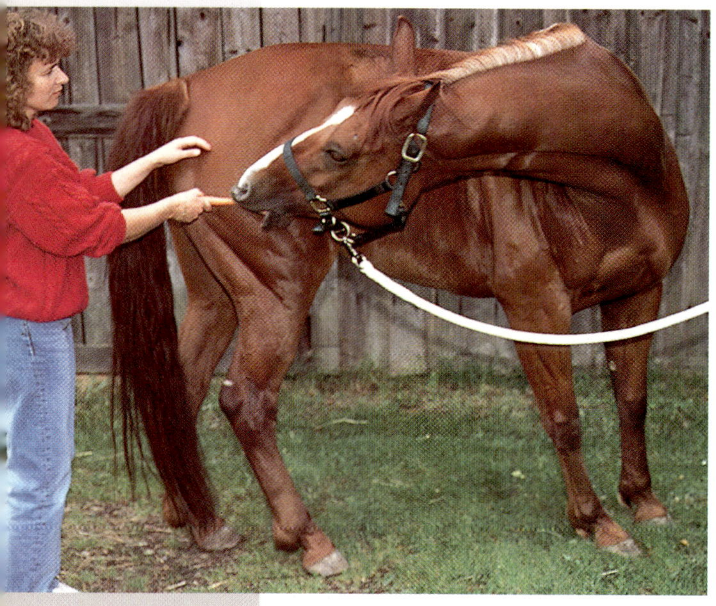

Eine seitliche Dehnung der Hals- und Rumpfmuskeln erreicht man anhand der aktiven Dehnübung mit Hilfe eines Leckerbissens, der dem Pferd im Bereich der Kruppe verabreicht wird.

man aktiv und passiv durchführen. Entweder man verwendet eine Belohnung, die man dem Pferd hoch vor die Nase hält (aktiv) oder man drückt den Kopf des Pferdes am Unterkiefer nach oben, bis der Hals gestreckt ist (passiv).

Für die seitliche Halsdehnung, die wiederum aktiv oder passiv möglich ist, legt man eine Hand um die Nase und führt den Kopf seitlich möglichst bis zum Schulterblatt herum. Damit erreicht man eine alleinige Dehnung der Halsmuskeln.

Will man die Schulter- und Rumpfmuskulatur miteinbeziehen, veranlasst man das Pferd, seinen Kopf weiter nach hinten (Richtung Hüfthöcker) zu strecken. Um eine Ausweichbewegung der Hinterhand zu verhindern, stellt man das Pferd neben eine Wand. Bei der passiven Dehnung ergreift man bei ersterer Variante mit der zweiten Hand den Widerrist, bei zweiterer den gegenüberliegenden Hüfthöcker, um die Dehnung besser aufrecht zu erhalten.

Für die aktive Dehnung lockt man das Pferd wiederum mit einem Leckerbissen, so dass es den Kopf bis zum eigenen Körper herumnimmt.

Übungen für die Gliedmaßen

Die Arbeit an den Gliedmaßen setzt voraus, dass sich das Pferd auf drei Beinen gut ausbalancieren kann. Ist dies nicht der Fall, wird sich das Tier wehren oder in der Muskulatur verspannen.

Es ist einfacher, mit den Vorderbeinen zu beginnen. Man hebt ein Bein hoch – zunächst so, als wolle man den Huf auskratzen – greift das Bein am Unterarm und führt es nach vorne, bis die vollständige Dehnungskapazität erreicht ist.

Man erzielt damit insbesondere eine Dehnung des breiten Rückenmuskels, des Trizeps, des Deltamuskels sowie der Beuger. Das Bein wird am Fessel-

Die seitliche Halsdehnung kann auch passiv durchgeführt werden.

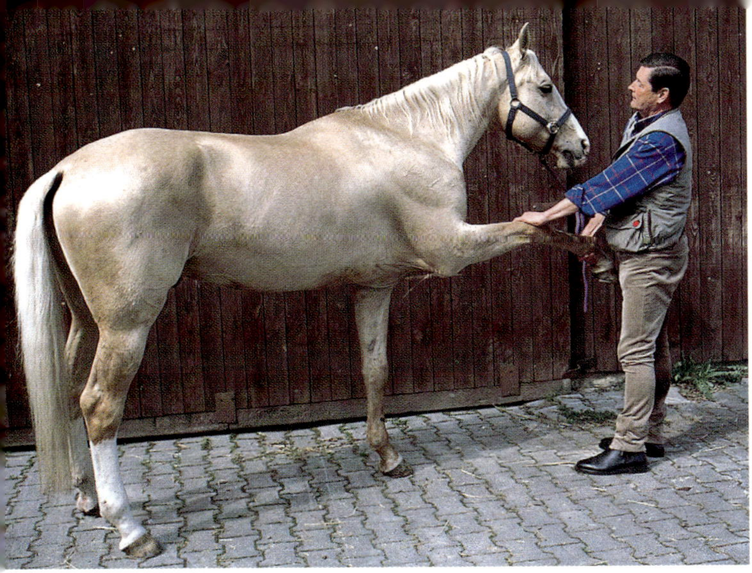

oben links:
Bei der Streckung des Vorderbeins nach vorne, werden insbesondere der breite Rückenmuskel, die Beuger und der Deltamuskel gedehnt.

oben rechts:
Das Bein wird am Fesselkopf gehalten.

kopf gehalten. Will man jedoch das Karpal- und Fesselgelenk schonen, sollte man das Bein lediglich am Unterarm halten. Der distale Beinabschnitt hängt bei dieser Variante locker herab. Man erzielt dabei dasselbe Ergebnis, außer dass die Beuger weniger gedehnt werden, da deren sehnige Ausläufer bis zum Röhr-, Fessel-, Kron- und Hufbein reichen.

Für die Dehnung der Extensoren (Strecker), des Armkopfmuskels, der Grätenmuskel und Brustmuskulatur führt man das Vorderbein nach hinten. Hierzu greift man das Karpalgelenk

Will man das Karpalgelenk schonen, greift man das Bein am Unterschenkel und lässt das Röhrbein locker herabhängen.

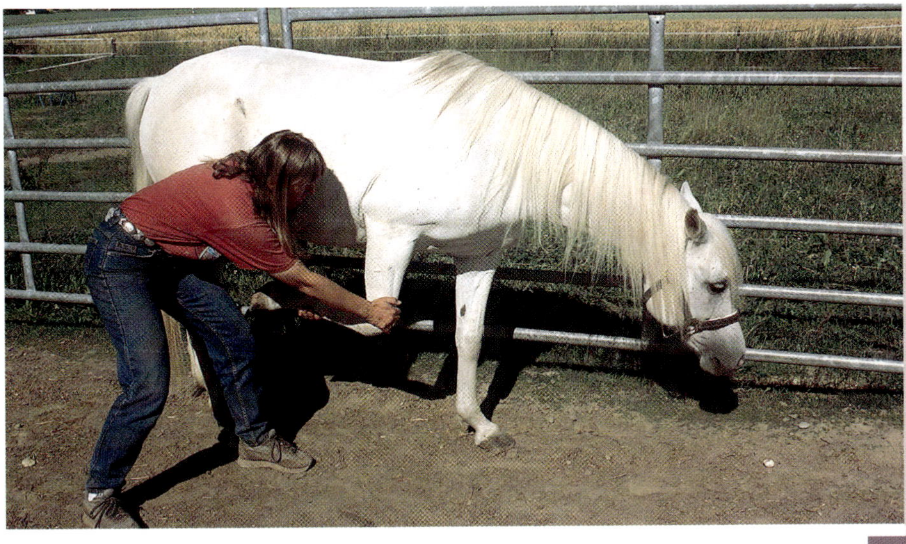

Um den Armkopfmuskel, die Extensoren und Brustmuskulatur zu strecken, führt man das Vorderbein nach hinten. Deutlich kann man erkennen, dass sich dabei der Rücken leicht aufwölbt. Um das Karpalgelenk zu schonen, setzt man eine Hand am Unterarm an.

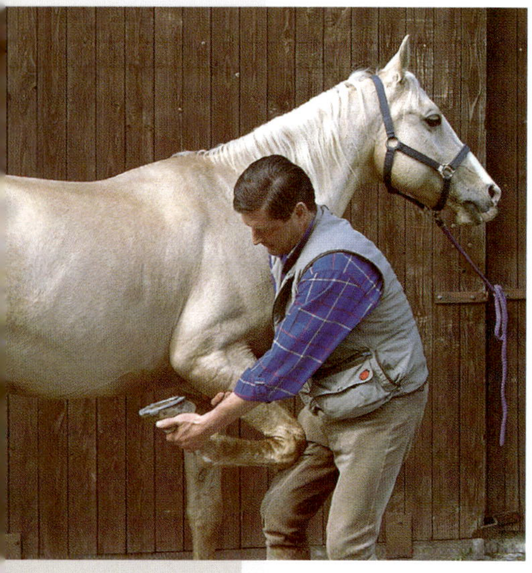

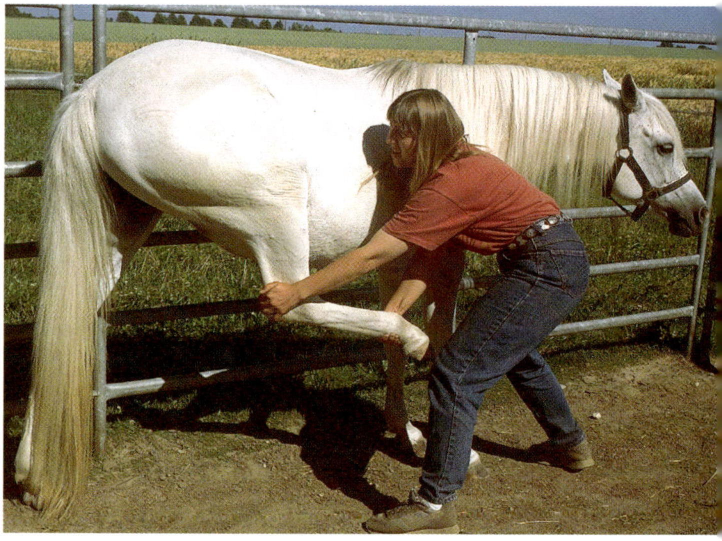

oben links: Um die eigenen Kräfte zu schonen, kann man das Karpalgelenk auch auf dem Oberschenkel absetzen und nach hinten schieben.

oben rechts: Mit den Hinterbeinen verfährt man ebenso: Die Hand unterstützt beim Strecken des Beins nach vorne das Sprunggelenk.

mit der einen Hand und das Fesselgelenk mit der anderen. Mit Blickrichtung zum Pferdekopf zieht man das Bein nach hinten. Druck übt jedoch nur die Hand am Karpalgelenk aus, um die Muskeln zu dehnen. Eine für den Therapeuten leichtere Variante ist es, mit Blickrichtung zum Pferdeschweif stehen zu bleiben und das Karpalgelenk des aufgehobenen Beins auf dem Oberschenkel zu platzieren. Jetzt drückt man mit Zuhilfenahme des ganzen Körpergewichts gegen das Pferdebein und bringt es somit zur Dehnung der Muskeln nach hinten.

Zur Dehnung des Trapez- und Rautenmuskels kann man das gegenüberliegende Vorderbein aufheben und so vor das andere Bein ziehen, dass die Beine überkreuzen. Der Huf sollte

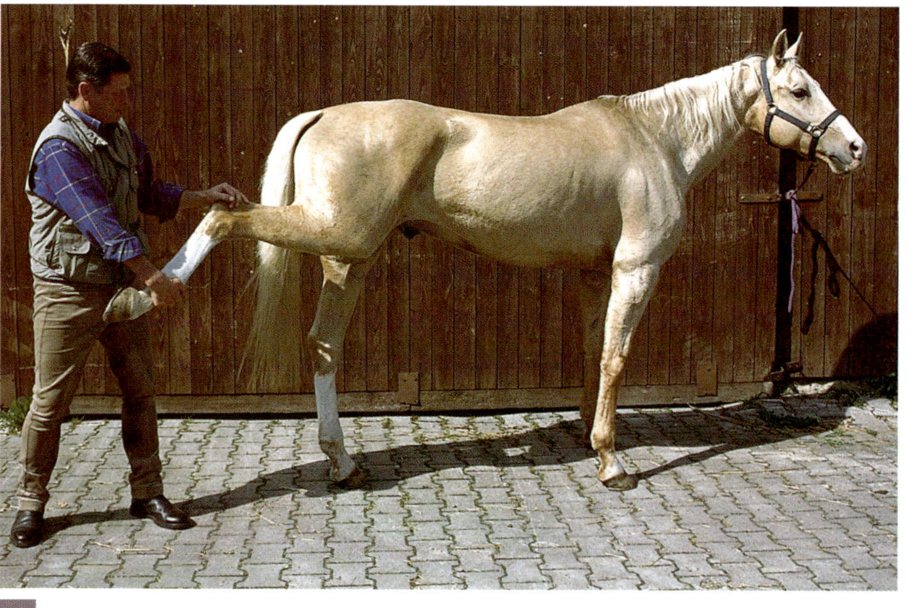

Streckt man das Bein nach hinten, werden in erster Linie der Quadrizeps, die Extensoren und die Adduktoren gedehnt.

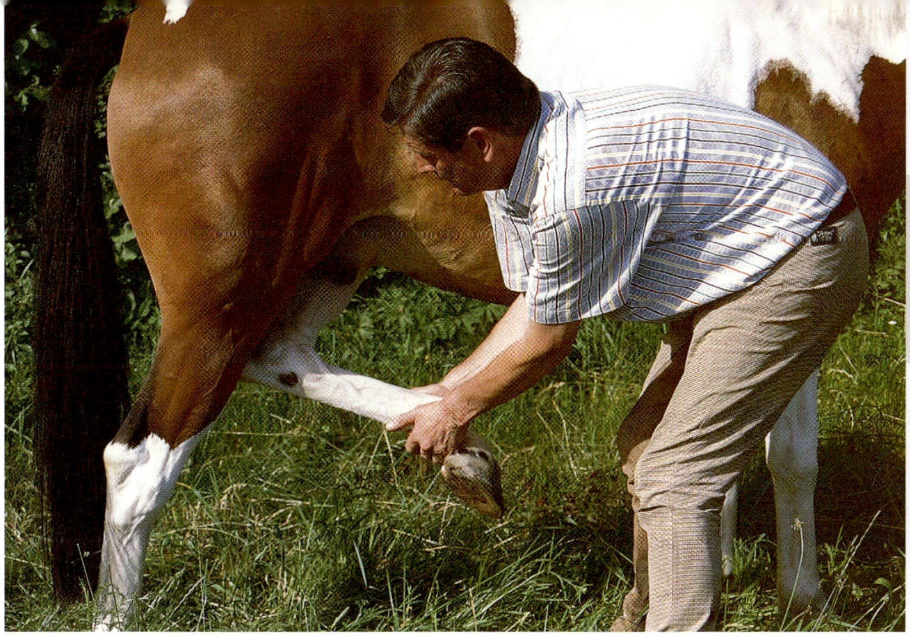

Führt man das Hinterbein überkreuz nach vorne, erreicht man eine Dehnung der kaudalen Hinterhandmuskeln..

dabei möglichst nahe am Boden bleiben. Das Überkreuzen nach hinten ist ebenfalls möglich und dehnt zusätzlich den breiten Rückenmuskel.

Nachdem beide Vorderbeine bearbeitet worden sind, widmet man sich den hinteren Gliedmaßen. Wiederum nimmt man das Bein auf, als wolle man den Huf auskratzen. Anstatt es aber nach hinten herauszuführen (diese Übung folgt nach dem Strecken nach vorne), greift man das Bein am Fesselgelenk und streckt es möglichst gerade nach vorne. Gedehnt werden dabei vor allem die Kruppen- und kaudalen Oberschenkelmuskeln. Vorsicht: Nicht das Bein zur Seite ziehen, da sonst die Gelenke in Mitleidenschaft gezogen werden, denn eine laterale Bewegung ist keine natürliche Bewegungsrichtung.

Nun folgt die Dehnung des Beins nach hinten, wobei man am besten das Röhrbein greift und sich langsam mit seinem gesamten Gewicht nach hinten lehnt. Zur Dehnung kommt hier insbesondere der Quadrizeps, die Extensoren und Adduktoren.

Ein Überkreuzen der Hinterbeine nach vorne, indem man das gegenüberliegende Hinterbein unter dem Bauch des Pferdes zu sich herzieht, dehnt ebenfalls die Kruppen- und kaudalen Oberschenkelmuskeln *(M. semitendinosus, M. semimembranosus)* sowie den zweiköpfigen Oberschenkelmuskel *(M. biceps femoris).*

Der Rücken

Eine gute Rückentätigkeit ist die Basis für schwungvolle Gänge und ein athletisches Pferd. Da der Reiter schon durch sein Gewicht provoziert, dass das Pferd den Rücken nach unten wegdrückt und die Muskulatur fest macht, richtet man sowohl bei der reiterlichen Ausbildung als auch bei der manuellen Behandlung des Pferdes ein besonderes Augenmerk auf eine gute Dehnung, Lockerung und Stärkung der Rückenmuskulatur.

Da die Rückenmuskeln die Antagonisten der Bauchmuskeln sind, stehen diese Muskelgruppen direkt miteinander in Verbindung. Eine Kontraktion der Bauchmuskulatur hat eine Dehnung der Rückenmuskeln zur Folge und umgekehrt. Die Dehnungsarbeit der Vorderbeine greift bereits teilweise

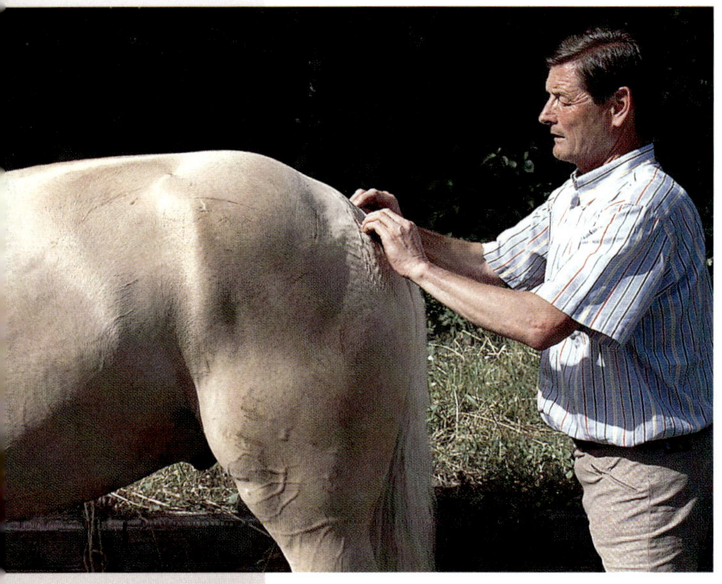

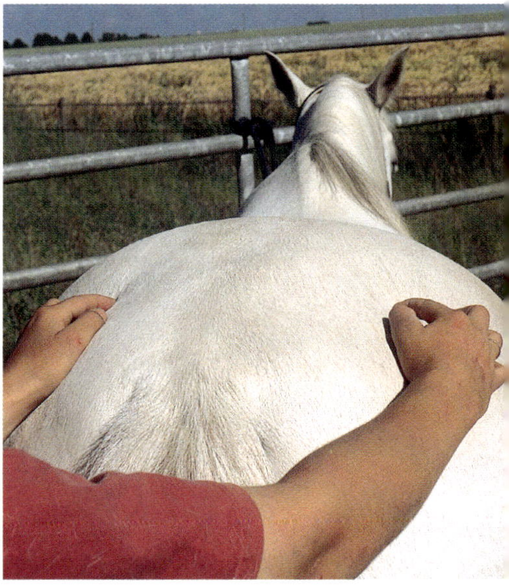

links:
Übt man Druck auf die Reflexpunkte im Kruppenbereich aus, wölbt sich der Rücken (insbesondere im Lendenwirbelbereich) nach oben.

rechts:
Die Reflexpunkte im Kruppenbereich.

in diese Muskulatur mit ein. So kann man beobachten, dass bereits eine Rückendehnung und -wölbung stattfindet, wenn ein Vorderbein nach hinten gedehnt wird. Eine Streckung des Vorderbeins nach vorne hingegen dehnt die Bauchmuskulatur mit. Sichtbar ist dann auch eine leichte Absenkung des Rückens.

Um den Rücken nun direkt zu behandeln und eine Dehnung im langen und breiten Rückenmuskel herbeizuführen, bedient man sich bestimmter Reflexpunkte. Übt man direkten Druck auf das Sternum (Brustbein) aus, drückt das Pferd den Brustkorb nach oben und öffnet somit die Dornfortsätze der Brustwirbel. Dadurch dehnen sich die Rückenmuskeln. Drückt oder reibt man die beiden Reflexpunkte an der Kruppe, die etwas lateral auf einer gedachten Linie vom Darmbein- zum Sitzbeinhöcker liegen, wölbt sich der Rücken im Lendenbereich auf. Denselben Reflex kann man an einem Punkt, der direkt mittig auf dem Kreuzbein liegt, auslösen. Reizt man den Kreuzbeinpunkt in Verbindung mit dem Druckpunkt am Brustbein, erzielt man eine kombinierte Aufwölbung im Thorax- und Lumbosakral-Bereich.

Übt man auf nur einem der Reflexpunkte im Kruppenbereich Druck aus, biegt das Pferd die Wirbelsäule seitlich. Die seitliche Biegung sollte aber immer in Verbindung mit der Thoraxaufwölbung (Druckpunkt am Sternum) durchgeführt werden. Bei der Seitneigung der Wirbelsäule erreicht man eine gute Dehnung der Bauchmuskeln *(Mm. abdominis)*.

Auffinden der Reflexpunkte

Wenn man sich hinter das Pferd stellt und mit beiden Zeigefingern links und rechts über die Kruppenmuskulatur in Richtung Sitzbeinhöcker fährt, kann man die Reflexpunkte zur Hebung der Lendenwirbelsäule am besten finden.

Normalerweise fährt man in Fellstrichrichtung entlang, um die Reflexe zur Rückenhebung auszulösen. Eine aggressivere Reizung erreicht man, wenn die Finger entgegen der Fellstrichrichtung nach oben geschoben werden. Man sollte aber darauf achten, dass das Pferd nicht zu extrem aufwölbt. Ideal ist, wenn der Rücken eine gerade Linie bildet.

Eine gute Rückendehnung kann man übrigens auch herbeiführen, wenn man die Vorderbeine seines Pferdes auf eine Erhöhung (zum Beispiel: Podest) stellt.

Eine weitere gute aktive Rückendehnungsübung ist es, das Pferd zu veranlassen, den Kopf zwischen die Vorderbeine zu stecken. Dabei soll es den Kopf soweit wie möglich nach hinten hindurchstrecken. Hierzu bedient man sich eines Leckerlis, das man dem Pferd zwischen den Vorderbeinen anbietet. Es wird danach zu haschen versuchen, doch man gibt dem Pferd die Belohnung erst, wenn die maximale Dehnung erreicht worden ist. Die Schwierigkeit bei dieser Übung besteht darin, dass das Pferd lernen muss, die Vorderbeine etwas auseinander zu stellen, damit es den Kopf hindurchstecken kann. Nach einiger Übung haben die Pferde den Bogen raus. Kluge Tiere führen die Übung nach einiger Routine sogar ohne Leckerli auf Stimmkommando oder bestimmte, angelernte Signale aus.

Eine gute Dehnübung für den Rücken ist es, das Pferd mit den Vorderbeinen auf ein Podest zu stellen.

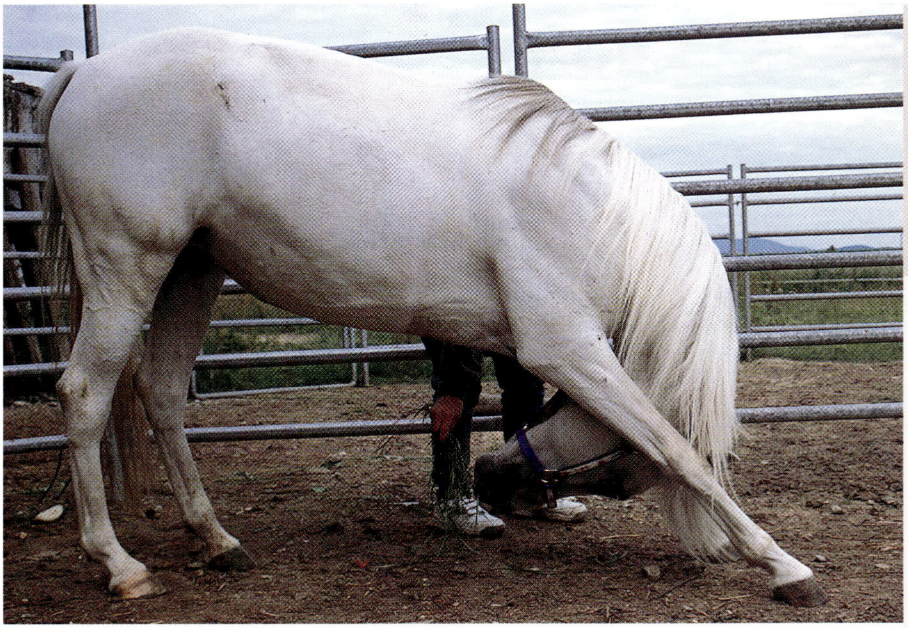

Eine aktive Dehnung der Hals- und Rückenmuskeln ergibt sich bei der „Verbeuge-Übung", bei der man dem Pferd einen Leckerbissen zwischen den Vorderbeinen anbietet.

VII

Problemstellungen

Anforderungen an das Pferd

Fast alle Menschen haben aufgrund ihrer unnatürlichen Lebensweise Verspannungen und Verhärtungen in der Muskulatur. Sie rühren normalerweise von einer falschen Haltung bei der Arbeit oder auch Freizeitbeschäftigung her. Die Problematik ist hauptsächlich jedoch eine eintönige Tätigkeit, die bestimmte Körperstrukturen überfordert.

Beim Pferd sieht die Situation nicht anders aus. Insbesondere hat der Mensch durch spezielle Züchtungen Pferde hervorgebracht, die exakt für eine bestimmte Anforderung geschaffen sind. Kaltblüter werden als Zugpferde für schwere Lasten und als Arbeitstiere eingesetzt, Vollblüter sind die geborenen Renner und Warmblutpferde verwendet man bevorzugt als Reitpferde in den unterschiedlichsten Disziplinen. Dabei gibt es sogar rassespezifisch deutliche Unterschiede, denn die Pferde werden oft für eine ganz bestimmte Disziplin gezüchtet (bestimmte Quarter Horse-Linien für Cutting, Reining, Halter; große Warmblutpferde für Dressur und Springen, und so fort). Die Überforderung bestimmter Körperregionen kann die Zuchtselektion zwar mindern, jedoch nicht ausschalten. Die Spezialisierung der Pferde auf Disziplinen bringt immer Gesundheitsprobleme mit sich.

Sportpferde

Im Sportpferdebereich kann die Spezialisierung deutlich beobachtet werden. Somit tauchen bei Pferden, die für dieselbe Disziplin gebraucht werden, auch immer wieder dieselben Verletzungen, Krankheiten und Verschleißerscheinungen auf. Dabei spielt die Rasse keine Rolle.

Beim Springpferd sind enorme Belastungen der Hinterhand (beim Absprung) zu beobachten. Dabei wird nicht nur die Muskulatur in Mitleidenschaft gezogen, sondern auch sämtliche andere Strukturen wie Bänder, Sehnen

Der abwechslungsreiche Einsatz des Pferdes kann Verspannungen und Verschleißerscheinungen minimieren.

und Knochen. Bei der Landung wirken übergebührliche Belastungen auf die Vorhand ein, die das gesamte Gewicht des Pferdes auffangen muss. Besonders strapaziert werden die Bänder und Sehnen sowie die knöchernen Strukturen. Aber auch die Brust- und Beinmuskulatur wird enorm beansprucht.

Das Dressurpferd hat seine Problemzonen vor allem in der Hinterhand, da es seine Lektionen in starker Versammlung ausführen muss. Belastungserscheinungen werden hauptsächlich in Sprunggelenk, Knie, Rücken und Hinterhandmuskulatur deutlich.

Das Westernpferd hat wiederum spezielle Problemzonen, die sich vor allem nach der jeweiligen Disziplin richten. Reiningpferde werden in der Hinterhand ebenfalls stark belastet, aber auch Rücken, Hals und Schultern werden enorm strapaziert.

Verspannungen in der Muskulatur sind meistens die ersten Anzeichen von Problemen, die sich unbehandelt schnell zu ernsthaften Schwachpunkten entwickeln können. Irgendwann müssen diese Pferde durch irreparable Verschleißerscheinungen aus dem Sport genommen werden.

Freizeitpferde sind oft dann anfällig für Verspannungen und frühzeitigen Verschleiß, wenn sie von unzureichend ausgebildeten Reitern geritten und nicht fachmännisch trainiert werden.

Freizeitpferde

Dass es den Freizeitpferden besser ergeht, ist eine Annahme, die oft nicht zutrifft. Freizeitreiter (damit sind Reiter gemeint, die überwiegend im Gelände reiten und keine Turnierambitionen haben) nutzen ihre Pferde meist unregelmäßiger als Turnierreiter, die ein optimiertes Training aufbauen. Auch ist unter den Freizeitreitern eine prozentual höhere Anzahl derjenigen Reiter, die noch als Anfänger eingestuft werden müssen.

Die Belastung des Pferdes durch unvermögendes Reiten ist enorm hoch und verursacht unvermutet viele Dauerschäden. Es ist außerdem ein Jammer, dass viele schlecht (oder gar nicht) ausgebildete Reiter Schmerzen und Schädigungen ihres Pferdes nicht einmal erkennen. Viele Freizeitreiter verlangen ihren Pferden guten Gewissens Leistungen ab, für die sie eigentlich gar nicht vorbereitet sind und ohne zu wissen, dass die Tiere eventuell unter Schmerzen leiden müssen.

Irgendwann muss jeder Reiter einmal das Reiten erlernen und dies geht nur auf einem Pferd. Übermäßige Belastungen – insbesondere des Rückens (in den Rücken plumpsender Reiter) und der Halspartie (harte Zügeleinwirkung) – sind für Schulpferde und von Anfängern gerittene Freizeitpferde deshalb schon obligatorisch.

Das regelmäßig, von einem erfahrenen und gefühlvollen Reiter trainierte Freizeitpferd hat es wahrscheinlich am besten getroffen. Regelmäßiges, wohl dosiertes und vielseitiges Training kommt dem Pferd am besten entgegen. Doch auch ein solches Pferd ist nicht vor Verschleiß und Verletzungen gefeit. Irgendwo drückt fast immer der Schuh, wobei schätzungsweise 90 Prozent aller Probleme der Reiter verursacht und nur zehn Prozent an den Veranlagungen, am Exterieur, am Erbgut und ähnlichen Faktoren liegen.

Behandlungs- und Therapieansatz

Wenn man die Rasse, das Exterieur, die Reitweise, die Anforderungen und das Vermögen des Reiters (das Wichtigste!) in die Betrachtungsweise der Beurteilung von möglichen speziellen Problemen des Pferdes mit einbezieht,

Eine gekonnte Massage bringt dem Pferd Wohlbefinden und stärkt die Beziehung zwischen Mensch und Tier.

lässt sich am besten feststellen, wo der Vierbeiner wahrscheinlich seine Problemzonen hat. Man kann außerdem einen Plan entwerfen, wie sich diese Probleme lösen lassen (vielleicht ein anderer Sattel oder die Umstellung des Trainings?). Und zu guter Letzt lässt sich die Besserung der problematischen Bereiche durch gezielte Massage und Dehnübungen unterstützen.

Keine Behandlung, ob durch Massage oder den Tierarzt, kann ein Problem auf Dauer beseitigen, wenn man die Ursache nicht abstellt. Deshalb ist es nicht damit getan, beispielsweise eine Muskelverspannung mit einer Massagebehandlung aus der Welt zu schaffen – sie wird sicher wieder auftauchen. Die Behandlung des Pferdes mit Massage, Dehnübungen und anderen physiotherapeutischen Techniken kann eine Therapie nur begleiten, ist aber sicher kein Allroundmittel, um sämtliche Probleme zu lösen. Dennoch kann eine prophylaktische Massage anfällige Zonen schmerzfrei halten und für uneingeschränkte Beweglichkeit sorgen.

Außerdem – und dies sollte der eigentliche Antrieb sein, sich mit Pferdemassage zu befassen – bringt dem Pferd eine gekonnte Massage Wohlbefinden und stärkt die Beziehung zwischen Mensch und Tier auf eine Weise, die sowohl körperlich als auch seelisch positive Aspekte hat.

Literatur

Bromiley - Richtig massieren, Cadmos Verlag, Lüneburg 1997

Budras, Klaus-Dieter/ Röck, Sabine
- Altas der Anatomie des Pferdes, Hannover 1997

Ettl, Renate - Die Fohlenschule, Cadmos Verlag, Lüneburg 2000

Ettl, Renate
- Sporttherapie für Pferde, Cadmos Verlag, Lüneburg 2000

Gray, Peter
- Die Lahmheiten des Pferdes, Stuttgart 1997

Hourdebaigt, Jean-Pierre
- Pferdemassage, München 1998

Kamen, Dr. Daniel
- The Well Adjusted Horse – Equine Chiropractic Methods You Can Do, Brookline Books, Cambridge, Massachusetts 1999

Kleven, Helle Katrine
- Physiotherapie für Pferde, Warendorf 2000

Meagher, Jack
- Muskelprobleme bei Pferden, Ch-Cham 1998

Olsen, Chris
- Druckpunktsystem und Beziehungstraining, Cadmos Verlag, Lüneburg 1999

Olsen, Chris
- Muskelverspannungen bei Pferden lösen, Cadmos Verlag, Lüneburg 2000

Porter, Mimi
- The New Equine Sports Therapy, The Blood-Horse Inc., Lexington, KY 1998

Rüsbüldt, Anke
- Rückenprobleme bei Pferden, Cadmos Verlag, Lüneburg 1999

Scott, Mike
- The Basic Principles of Equine Massage / Muscle Therapy, Massage/Muscle Therapy Productions, Bolton 1997

Wissdorf, Dr. Horst / H. Gerhards / B. Huskamp
- Praxisorientierte Anatomie des Pferdes, Hannover 1998

Zidonis Nancy/Marie Soderberg/Amy Snow
- Equine Acupressure, Tallgrass Publishers, Denver, Colorado